科普图书馆

了不起的鸟世界

生活最奇特的鸟

廖春敏 主编

上海科学普及出版社

图书在版编目（CIP）数据

生活最奇特的鸟 / 廖春敏主编. — 上海：上海科学普及出版社，2014.9

（了不起的鸟世界）

ISBN 978-7-5427-6197-2

Ⅰ.①生… Ⅱ.①廖… Ⅲ.①鸟类—普及读物 Ⅳ.①Q959.7-49

中国版本图书馆CIP数据核字（2014）第172603号

策　划　胡名正
责任编辑　刘湘雯

了不起的鸟世界

生活最奇特的鸟

廖春敏　主　编

上海科学普及出版社出版发行

（上海中山北路832号　邮政编码 200070）

http://www.pspsh.com

各地新华书店经销　　三河市恒彩印务有限公司印刷

开本 889mm×1194mm　1/16　印张 8　字数 160 000

2014年9月第1版　2014年9月第1次印刷

ISBN 978-7-5427-6197-2　　　　　　　定价：23.80 元

前 言

FOREWORD

　　鸟是一群自由的精灵，它们能翱翔天空，也能潜游水中；它们能行走陆地，也能栖身树梢。鸟是美丽的天使，有的具有靓丽夸张的嘴喙，有的具有美艳华丽的体羽，有的具有无比绚烂的长尾。鸟还是跳动的音符，它们鸣啭、啁啾，或是呱呱噪啼，为森林或城市带来丝丝盎然生意。

　　也许是鸟儿们带给了人类最初飞翔的梦想，所以一直以来，人类对鸟总有一种强烈的好奇心和亲近的愿望，就连达尔文进化论也是由他偶然发现的"达尔文雀"催生的。而且自古以来，鸟类就和人类有着千丝万缕的联系，世界各地都流传有各种不同的和鸟类相关的神话和传说。中国的神话故事精卫填海、杜鹃啼血向我们传递着美好的信念。在欧洲的一些地方，一直流传着白鹳的美丽传说：它们在谁家屋顶安巢，谁家就会喜得贵子，幸福美满，在欧洲的乡村，家家户户的屋顶烟囱上都搭有一个平台，那是专为送子鸟筑巢准备的。到了现代，鸟类更是给了人们许多有价值的启示：人们首先根据天空中飞行的鸟的特性，制造了飞机；后来，又研究猫头鹰灵巧无声的飞行，改造了飞翔的性能；还通过研究鸽子来预测地震。鸟类激发了人类的灵感，创造出各种各样的奇迹，并从中获益无穷。

　　为了带给读者一本更直观真实认识鸟的读物，我们从千千万万种鸟类中，精心挑选出不同生境中具有代表性的鸟，捕捉到这些精灵的每一个精彩瞬间，用生动的语言，讲述故事一般地把这些鸟类的基本特征、繁殖策略、奇异行为、独特本领、捕食妙招等各种令人惊叹的非凡能力展现给每一位读者，让读者看到一个了不起的鸟世界。

本丛书"了不起的鸟世界"共分3册，本册《生活最奇特的鸟》，讲述那些具有与众不同的生活方式的鸟类。它们或是过着四处流浪居无定所的生活，如鸸鹋；或是喜欢群体作战，袭击猎物，如鲣鸟；或是擅长于造假，以迷惑敌人和竞争对手，如刺莺；有一年大换装两次的松鸡，就是为了让身体的颜色和生活的环境保持一致，而更好地保护自己；有勤勤恳恳为了家庭奉献终身的，如水雉、鹤等……本书将带领读者了解更多的生活习惯奇特的鸟类那些鲜为人知的"内幕"，并将读者带入更深入的思索，以解答更多的疑问和谜团。

为了给读者创造更好的阅读享受，让读者更真实地体验到各种鸟类生存的精彩画面，参与本书编撰出版的诸位老师：廖春敏、李坡、孙鹏、王玲玲、刘佳、陈晓东、李立飞、白海波等，在文字撰写、图片使用、版面设计上都倾注其所有心思，力求做到文字充满青春张力、图片新颖贴切、设计清丽明快。在此感谢以上各位老师为本书所做的各种工作！

最后，希望本书能够成为各位读者了解鸟类世界的良师益友。

目录 CONTENTS

美洲鸵 天生是"奶爸" ………… 1
 大小美洲鸵……………………… 1
 主、次雄鸟共育雏……………… 2
 除了人类鲜有敌人……………… 3

鸸 鹋 必须"四处流浪" ………… 4
 长得有点毛糙…………………… 4
 觅食新鲜美味…………………… 4
 父亲带孩子……………………… 5
 暂无灭绝之险…………………… 6

鹟 鹛 这种鸟儿有怪癖 ………… 7
 水下"猎人"…………………… 7
 办一个"捕食行会"…………… 8
 颜色的意义……………………… 10
 消灭交易………………………… 11

鲣 鸟 下一场"鸟雹" ………… 12
 流线型"扎入式潜水者"……… 12
 漂洋过海………………………… 13

 群体捕食………………………… 14
 群居地冲突……………………… 14
 数量下降………………………… 18

鹳 最会耍"强权政治" ……… 19
 吉祥之鸟………………………… 19
 猎手和食腐者…………………… 21
 雨的使者………………………… 22
 保护湿地保护鹳………………… 25

鹰、雕、兀鹫 鸟世界的"高层领导者" … 26
 "鹰击长空"…………………… 26
 成对、成群……………………… 31

无处安巢……………………………… 34	性别角色颠倒……………………… 57
身处险境的顶级掠食者…………… 36	
	滨鹬和沙锥 男女平等，AA制…… 59
松鸡 一年两套不同色系的"服装"… 39	长喙、长翅…………………………… 59
冰天雪地中生存…………………… 39	大范围迁徙………………………… 61
多见于北方………………………… 40	全靠一双好眼睛…………………… 62
充分利用短缺食物资源…………… 43	吵闹的"炫耀"……………………… 63
精彩的炫耀………………………… 44	途中杀害…………………………… 64
呼唤栖息地管理…………………… 46	
	鹤 忠诚友爱的"模范夫妻"……… 65
秧鸡 最不可思议的鸟…………… 47	长颈、长腿………………………… 65
沼泽地"机会主义者"……………… 47	居于开阔空间……………………… 65
只闻其声，不见其踪……………… 50	杂食"机会主义者"………………… 66
没有完全揭开的繁殖之谜………… 51	一唱一和…………………………… 66
日趋危险…………………………… 54	生存面临威胁……………………… 69
水雉 最贴心的"家庭妇男"…… 56	**沙鸡 携水飞行的特异功能**……… 71
长趾"莲上飞"……………………… 56	身披绒毛，防冷防沙……………… 71

寻找食物和水源………………………	72
营巢于沙漠………………………………	74
朋友和敌人………………………………	75

蜂 鸟 上天的宠儿 …………… 76
蜂鸟与隐蜂鸟……………………………	76
适应悬停…………………………………	79
肉搏战……………………………………	82
发育"三部曲"…………………………	83

翠 鸟 最冷艳的"杀手" ……… 86
伏击型掠食者……………………………	86
主要在热带………………………………	89
不仅仅食鱼………………………………	90
共同育雏…………………………………	91
代表吉祥的笑翠鸟………………………	92
美丽的蓝翡翠……………………………	92
岛屿种类面临威胁………………………	93

鵎 雀 强悍妈妈和孤单儿女 …… 94
树干上的觅食者…………………………	94
成对或不成对……………………………	98

伯 劳 早准备，广积粮 ………… 100
俯扑掠食…………………………………	100
源于非洲辐射……………………………	101
复杂的炫耀………………………………	103

细尾鹩莺 友爱的大家族生活 … 104
小巧玲珑、不出远门……………………	104
生活在"大家庭"中……………………	105
未来在公园和花园？……………………	106

吸蜜鸟和澳鸥 "萝卜白菜各有所爱" … 107
巧舌如簧…………………………… 107
见于西南太平洋…………………… 107
食蜜等级…………………………… 108
群居地的"骚动"…………………… 110
处境岌岌可危……………………… 111

刺莺 为自保,弄假象 ………… 112
歌声甜美的"昆虫猎人"…………… 112
漫长的繁殖周期…………………… 113

椋鸟 最有服务精神的鸟儿 …… 115
活跃、适应性强…………………… 115
流浪者和居家者…………………… 117
从食果到多样化…………………… 118
营巢于洞穴………………………… 118
生存,刻不容缓…………………… 119

美洲鸵 天生是"奶爸"

> 美洲鸵的世界很奇怪，它们的雄性是极有责任心的"奶爸"，不但负责孵卵，还努力抚养雏鸟。有些"爱心泛滥"的准爸爸，还会将别家的卵，偷到自己巢下。

美洲鸵为大型的不会飞的鸟类，常被称做南美鸵鸟。但实际上，美洲鸵与鸵鸟相去甚远，它更接近于鹊。美洲鸵与鸵鸟外形上的相似性乃是趋同进化的结果，两者都适应于在开阔的平原生活。美洲鸵直立高1.5米，绝大部分体重不超过40千克；相比之下，鸵鸟身高可达2.5米，体重约115千克。除体型之外，两者最明显的差异体现在足部：鸵鸟仅有2个增大的趾，而美洲鸵有3趾。

● **大小美洲鸵**

达尔文第一个发现并描述了大美洲鸵和小美洲鸵的差别。1830年的一个晚上，当"贝格尔"号船沿着巴塔哥尼亚海岸南下航行之际，这位伟大的生物学家在吃美洲鸵的一条腿时才注意到自己吃的并不是常见的美洲鸵而是一种体型更小的鸵。他把这种小型美洲鸵命名为"达尔文美洲鸵"。

大美洲鸵事实上曾广泛栖息于从巴西中部沿海至阿根廷大草原的草原地带，而小美洲鸵则见于巴塔哥尼亚的半沙漠草原和灌木丛林地，以及从阿根廷和智利穿过玻利维亚至秘鲁的安第斯山脉的高原草地中。2个种类均有3个可明确区分的亚种。大美洲鸵最小的亚种来自巴西，体重仅20千克，最大的阿根廷亚种体重可达50千克。

大美洲鸵在冬季会10~100只聚集成群，繁殖期则分散为2~7只的小群。美洲鸵的成鸟大部分都是素食者，以多种植物为食。它们会摄入某些青草，但更偏爱阔叶植物，还经常摄食那些甚至带刺的草本植物，如蓟。如今，它们主要以阔叶、开花的非禾本

↗ 大美洲鸵的头部体现了平胸类鸟的典型特征：眼大，视角广，能够迅速发现危险；喙宽而扁平，适合食草。此外，美洲鸵还有极其敏锐的听觉。

知识档案

美洲鸵
目 美洲鸵目
科 美洲鸵科
2属2种。

分布 南美洲（从亚马孙河到巴塔哥尼亚高原）。

大美洲鸵
分布于南美洲的亚马孙河南部至巴塔哥尼亚高原北部。栖息于草地（干湿均宜）。**体型**：高1.45米，重一般为25千克，最重可达约50千克。雌鸟略小。**体羽**：灰色，翼下和腰部为白色，繁殖期雄鸟颈基部会出现一圈黑色的脖围。**鸣声**：雌鸟不发声，雄鸟声音低沉。**孵化期**：36~37天。寿命：野生少于20年，人工饲养可存活40年。

小美洲鸵（又称达尔文美洲鸵）
分布于南美洲的巴塔哥尼亚高原和安第斯山脉。栖息于灌木丛林地。**体型**：高90厘米，重10千克，雌鸟略小。**体羽**：棕色，全身带有白斑。**鸣声**：雌鸟不发声，雄鸟声音低沉。孵化期为36~37天。**寿命**：野生少于20年，人工饲养可存活40年。

植物为食，特别是紫苜蓿、蜀黍、黑麦和引入的牧草。成鸟几乎不食动物类食物。小美洲鸵则普遍生活在相对更干燥、更荒芜的环境中，所以它们看见绿色的东西都要吃，同样更喜食阔叶植物。有机会时，它们也会捕食一些昆虫和爬行类小动物。

● 主、次雄鸟共育雏

繁殖季节（春、夏季）来临之际，大美洲鸵的雄鸟开始求偶炫耀，并与其他雄鸟争夺成群的雌鸟。整个繁殖机制相当复杂，存在4种扮演不同角色的雄性成鸟，分别是：不参与生殖活动的雄鸟，只负责孵卵的雄鸟，既进行交配又进行孵卵的雄鸟以及只负责交配的雄鸟。

繁殖期开始，雄鸟在地面筑起巢，然后通过炫耀行为和鸣声引诱一群雌鸟来到自己的巢中。这个阶段的雌鸟成群四处活动，与数只雄鸟进行交配，最后在一个巢内或巢附近产卵。巢中的雄鸟便用喙将卵集中推到自己的巢里，从而形成10~70枚的一窝卵（其中有18~26枚卵是从巢以外的各个地方收集而来的）。

随着卵的不断增加，雄鸟对接近巢的同类变得日益具有攻击性，同时也越发不愿意去收集离巢较远的卵。而雌鸟在一个巢中产了几天卵后便离开，此后有可能去另外的巢中产卵，但不参与营巢。雄鸟孵卵36~37天后，雏鸟出生。它们在巢中仅待数小时便可以随雄鸟一起外出觅食。

在有些情况下，会出现一只"次"雄鸟。它与"主"雄鸟共同筑巢。然而，一旦一窝卵收集完毕，便只剩次雄鸟留在巢中孵卵，主雄鸟则去重新筑一个巢，吸引雌鸟来产卵，然后亲自孵卵。比起主雄鸟，次雄鸟发生交配的次数很少，但它们在孵卵

2种美洲鸵在抚养后代这一点上均体现出了与一般情况相反的性别角色。

1.每只雄鸟都试图以它一流的求偶炫耀功夫来吸引一群2~12只的雌鸟。雄鸟展开双翼接近雌鸟，雌鸟则会选择最突出的求偶鸟。该雄鸟便驱散其他所有雄鸟，然后使尽浑身解数在雌鸟面前炫耀。发生交配之后，雄鸟随之在地面筑巢，通常为坑巢，四周堆上一些细树枝和植被。2.雌鸟开始在巢中产卵。每只雌鸟每隔一天产一次卵，持续7~10天。从第3天或第4天起，雄鸟开始留在巢中孵卵。雌鸟每天正午时分回来将卵产于雄鸟边上，雄鸟则小心翼翼地用喙将每枚新产的卵滚到巢里。在3个月的繁殖期内，雌鸟不断周旋于不同的雄鸟之间。而雄鸟通常需孵化10~70枚卵，并且是独自孵卵和育雏。雏鸟一孵化就可以活动，绝大部在36小时内便能离巢。3.雄鸟必须带着雏鸟去觅食，为它们保驾护航。

方面同样很成功，只是在抚育雏鸟方面不及主雄鸟。而有次雄鸟相助的主雄鸟则比没有次雄鸟的主雄鸟更容易育雏。另外，每年有许多雄鸟根本就不繁殖。在某些特定的年份，仅有4%~6%的雄鸟成功繁殖，雌鸟的比例相对高些，约为30%。至于小美洲鸵的繁殖模式，尚未有详细的研究，但很可能与此相似。

● **除了人类鲜有敌人**

除了人类，美洲鸵在自然界鲜有天敌。栖息于阿根廷大草原以及热带草原和河边草地的大美洲鸵，食物来源充足，基本上无须去争夺。大型的食肉类猫科动物如美洲豹和美洲狮，则不会经常光顾这些地方，而小的食肉动物要杀死一只美洲鸵成鸟可没那么容易。不过，美洲鸵的雏鸟很容易遭到成群食肉动物的袭击，包括成群的哺乳动物或成群的食肉鸟，如卡拉卡拉鹰的袭击。虽然在有雄性成鸟保护时，雏鸟们是安全的，但一旦它们分散（在突如其来的雷暴过后经常会出现这样的情况），就很容易被食肉动物掠走。当雏鸟与父鸟走散时，甚至只有红隼大小的叫隼都可以轻而易举地将它们当成自己的美味大餐。

鸸鹋 必须"四处流浪"

为了在澳大利亚干旱的内陆生存下去，鸸鹋必须"四处流浪"。如果你看到一只成鸟带着多只雏鸟觅食，不要想当然地以为这"老妈"多有责任心，其实，这是雄鸟"老爸"。为什么会这样呢？因为雏鸟破壳后，雄鸟就变得极具攻击性，将雌鸟也毫不留情地驱逐出家门。在鸸鹋的世界里，雌鸟只负责产卵。

在澳大利亚，鸸鹋可谓随处可见，人们对它再熟悉不过。鸸鹋被视为是这个国家的经典象征，与袋鼠一起出现在该国的国徽上。它是澳大利亚境内最大的食草类动物之一，几乎分布在所有地区，但如今在塔斯马尼亚已见不到鸸鹋了。"四处流浪的"鸸鹋在澳洲已经生活了数百万年，它对荒凉的澳大利亚腹地再适应不过了。大规模的迁移早就成为鸸鹋生存策略的重要组成部分。

● 长得有点毛糙

鸸鹋是一种外表不太精致的大型鸟类，其蓬松的双层羽毛从体表柔软地垂下来。鸸鹋换羽之后为黑色，但由于太阳光会使赋予它们羽毛褐色的黑色素逐渐褪色，因此，它们的羽色会变浅。鸸鹋的雏鸟带有黑色、褐色和米色的纵条纹，很容易隐藏于长草丛中和浓密的灌木丛中。鸸鹋的颈和腿很长，但翅膀很小，不足20厘米。成鸟在颈部的气管和气囊之间生有一道空隙，使气囊成为一个回音室，从而提高了它们低沉鸣声的传播质量。

↗ 一只在小跑的鸸鹋

鸸鹋的长腿使它们能够以平均7千米/小时的速度长途跋涉或以48千米/小时的速度迅速逃离。

● 觅食新鲜美味

鸸鹋喜食富有营养的食物，如植

物上一些营养集中的部位：种子、果实、花和嫩芽。此外，当昆虫和小型的无脊椎动物唾手可得时，鸸鹋也不会拒绝。但野生的鸸鹋不食干草和落叶，哪怕它们就在嘴边。鸸鹋会摄入多达46克的大卵石以帮助砂囊研磨食物，还经常会摄入一些木炭。丰富的食物使鸸鹋发育很快、繁殖迅速，但这同时也是需要付出代价的。因为充足的食物在同一个地方不可能一年四季都可以得到，为了获取食物，它们必须不停地迁移。在干旱的澳洲内陆地区，一个地方的食物短缺往往意味着需要走上数百千米才能找到另外的食物源。

鸸鹋对这种生活方式的适应体现在2个方面。一是在食物充足期贮存大量的脂肪，以供接下来长途觅食所用，这也是为何正常情况下体重45千克的鸸鹋在体重降至仅为20千克后仍能照常活动的原因所在。二是只有在雄鸟孵卵时才不得不留在一个地方，其他时候它们则自由移栖，当然，带着雏鸟时雄鸟的步伐会放慢一些。而雄鸟在孵卵期不吃不喝不拉，因此，这段时间内当地的食物供应情况如何和它没有任何干系。

● 父亲带孩子

鸸鹋在每年的12月和第二年1月进行交配，每对配偶会占据约30平方

知识档案

鸸鹋
目 鹤鸵目
科 鸸鹋科
2属2种。

分布 澳大利亚。
栖息地 除雨林和空旷地外的其他所有地区，沙漠和澳大利亚最北端偏少。

体型 高1.75米，重50千克。雌鸟比雄鸟重5千克左右。
体羽 换羽后黑色，平时褪成褐色。

鸣声 咕哝声和嘶嘶声，雌鸟发出有回声的隆隆之音。
巢 用叶、草、树皮和树枝在地面或灌木下、树下搭一个平台或围一个圈。
卵 窝卵数9~20枚，由雄鸟孵化，孵化期56天。
食物 芽、种子、花、果实、某些昆虫和小型无脊椎动物。

↗ 鸸鹋以对后代关怀备至而著称，同时它们为保护雏鸟，对一切靠近者采取的凶狠态度也是出了名的。雏鸟的保护色及斑纹使它们能够很好地隐蔽在草地里。

↗ 鸸鹋是世界上第二大的鸟类，仅次于非洲鸵鸟，因此也被称作澳洲鸵鸟，通常栖息于森林和开阔地带，吃树叶和野果，也喜欢昆虫，适应力、抗病力强，非常适合饲养。

千米的领地。从4月至6月，雌鸟陆续产下9~20枚的一窝卵。当雄鸟开始孵卵后，许多雌鸟便会离开，有时去与其他雄鸟交配，然后再产下一窝窝卵。少数雌鸟留下来用它们独特的鸣声——响亮的隆隆之音来保护孵卵的雄鸟。经过56天的孵化雏鸟终于出生后，雄鸟就变得极具攻击性，它们将雌鸟驱逐出去，并会攻击接近巢的人。鸸鹋是早成雏，新孵出的小鸟很活跃，几天之后就可以离开巢。雄鸟在接下来的5~7个月里与雏鸟待在一起，不过与其说是它带着孩子们外出觅食，不如说是它被孩子们牵着鼻子到处转。之后，父鸟与后代的关系告一段落，雄鸟开始为下一个繁殖季节寻找配偶。

● 暂无灭绝之险

在18世纪后叶之前，鸸鹋有数个种类和亚种。然而，当欧洲移居者来到澳大利亚后，国王岛（位于巴斯海峡）和袋鼠岛（位于南澳大利亚）的侏鸸鹋以及塔斯马尼亚的亚种很快便灭绝了。但在澳洲大陆，鸸鹋仍广泛存在。它们栖息于油桉丛、林地、矮树丛、野地、沙漠灌木丛以及沙原中。鸸鹋在沙漠地带比较稀少，通常只有在大量的降雨带来草本植物的迅速生长和灌木结出硕果时才会出现。

鸊鷉 这种鸟儿有怪癖

> 鸊鷉是鸟类王国里的另类：它们啄食自己一年四季都会脱落的羽毛。当然，这只是一种假象。它们的胃是不能消化这些东西的。隔一段时间后，就会和食物中不能消化的部分一起反刍出来。据研究，这是一种针对身上寄生生物的适应性行为。

鸊鷉外形似鸭或骨顶鸡，栖息于湖泊和沼泽，几乎均为水栖。分布于除南极大陆外的世界各大洲，从海平面一直到海拔4000多米的地方都能发现它们的身影。共有22个种类，其中有15个种类生活在美洲。鸊鷉是一个古老的群体，其起源可追溯至距今约7000万年前。平缘喙、瓣趾，表明它们不太可能是从那些锯齿喙、蹼趾的鸟类分化而来的。它们的颈部肌肉组织及胸骨形状的某些特征则表明，与它们关系最近的亲缘鸟类也许是骨顶鸡（秧鸡科，骨顶属）和鳍脚鹬。

● 水下"猎人"

生理结构的适应能力使得鸊鷉在面对复杂的水中生活和水下捕食时显得游刃有余。它们的脚长在身体极为靠后的部位（挤得尾巴只剩毛茸茸的一簇），踝关节和趾关节异常灵活，能往各个方向转动，可以同时既当桨又当舵；趾上互不相连的瓣则进一步增强了这种灵活性。一只潜水的鸊鷉，其运动速度可达每秒2米，且转向非常迅速。在游泳时，鸊鷉的足部与水面保持平行，并为单足击水（除非遇到紧急情况）。它们的跗蹠后缘呈锯齿状，也许是为了碰到水中植被时开路的需要。鸊鷉能够潜到深水处，因为它们会排出羽毛间的绝热气体，并腾空气囊（它们身上的气体贮藏所），这么做可以减少它们在水下逗留所需的能量，同时使它们在猎食时

北美鸊鷉在表演它们的求偶炫耀行为——"向前冲"仪式：雄鸟和雌鸟同时冲出水面，肩并肩迅速向前奔去，颈成拱形，喙朝上。

能悄无声息地潜水,而在受到惊吓时又得以藏匿水下。此外,它们的胁羽具有吸水性,从而进一步减少了潜水时受到的浮力。䴘䴘的潜水时间一般为10~40秒。

由于足部太靠后,䴘䴘往往站立都有困难,所以它们只在巢里才会站着。假如因水位下降导致巢"搁浅",它们不得不赶回巢中时,若试图走回去,则会一再跌倒。䴘䴘需要在水面上"助跑"很长一段距离后方能飞起来,不过由于振翅迅速、足部拖曳,一旦起飞后便速度很快,只是空中机动能力较差。其实,䴘䴘除了迁徙之外很少飞行。有3个种类和1个亚种为永久性不会飞,而其他许多种类在一年的大部分时间里也不会飞,部分是因为身上的飞羽会出现同时脱换的情况(就像野禽和鹤一样),还有部分原因则是因为脂肪的储备和后肢肌肉的增长发生在一年的不同时期内。䴘䴘会迁徙至很远的地方,通常在夜间飞行。有时它们会把湿淋淋的道路误认为是河流而下来歇脚,结果便被"搁浅"了。

● 办一个"捕食行会"

䴘䴘为食肉类鸟,主要以昆虫和鱼为食,但也包括一些软体动物及甲壳类。后两类食物它们一般从水生植物中及其周围捕获,偶尔从水底觅得。在浑水中时,䴘䴘善从下方攻击猎物。大型的䴘䴘捕食鱼类,其中北美洲的北美䴘䴘和克氏䴘䴘用它们匕首状的喙来刺戳(而非抓捕)鱼。尽管鱼类是许多䴘䴘的重要食物来源,但根据它们胃里无脊椎动物的食物数

↗ 䴘䴘求偶时会有复杂的炫耀行为,具体的程序每个种类之间各不相同。凤头䴘䴘的配对步骤有:1.亮相展示;2."摇头"表演;3.梳羽表演;4."衔草"仪式。

量表明，䴙䴘用于捕食无脊椎动物的时间远比捕鱼的时间长，甚至有些䴙䴘根本就不食鱼。斑嘴䴙䴘厚厚的喙很可能是用来捕食螃蟹和螯虾的。

为使相互之间的觅食竞争更为高效，䴙䴘形成了一个水中食肉类"行会"。例如，在欧亚大陆，凤头䴙䴘主要出现在开阔的水域，通常捕食水面以下8米之内的鱼类。小䴙䴘因为身体小巧玲珑，便出没于水面覆有浮游水生植物的小池塘。体型中等的种类如赤颈䴙䴘和角䴙䴘，则基本限于那些不存在与大型䴙䴘发生争夺的湖泊栖息地。如角䴙䴘是冰岛唯一的䴙䴘种类，在那里它们可以摄取大量的鱼和昆虫；而在阿拉斯加，由于大的猎物受到赤颈䴙䴘的争夺，它们便以食昆虫和鱼苗为主。类似的，在西伯利亚东部和阿拉斯加，出现了长喙的赤颈，与欧洲的赤颈䴙䴘相比，它们捕食的鱼更大，因为它们必须与凤头䴙䴘争夺食物。另一个发生特征变异的例子是，生活在秘鲁胡宁湖的银䴙䴘，与其他分布区的银䴙䴘相比，其喙的形状明显不同，原因是胡宁湖栖息着与银䴙䴘相似的秘鲁䴙䴘。

䴙䴘身上的体羽非常多，一只北美䴙䴘至少有20000枚体羽。因此它们经常梳理羽毛，并用尾脂腺分泌的油脂进行滋润。由于羽毛一年四季都会脱落，因此，大部分䴙䴘都有"吃

知识档案

䴙䴘
目 䴙䴘目
科 䴙䴘科

7属22种。种类包括：德氏小䴙䴘、小䴙䴘、马岛小䴙䴘、侏䴙䴘、斑嘴䴙䴘、灰头䴙䴘、新西兰䴙䴘、角䴙䴘、赤颈䴙䴘、凤头䴙䴘、黑颈䴙䴘、银䴙䴘、秘鲁䴙䴘、阿根廷䴙䴘、北美䴙䴘、克氏䴙䴘等。

分布 南北美洲、欧亚大陆、非洲和澳大利亚。

栖息地 淡水湖、沼泽地和盐湾，许多种类冬季栖于沿海水域。

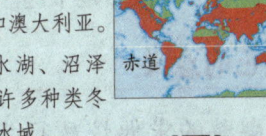

体型 体长从小的20厘米至北美的78厘米不等，重量从0.112~1.8千克不等（同样以上述两种为参照）。雌鸟略小于雄鸟。

体羽 上体主要为浅灰色或浅褐色，往下颜色渐淡，至下腹部为白色。在繁殖期，头部、喉部和颈部通常色彩鲜艳；一些种类头上会有亮丽多彩的"帽"和"冠"，用以求偶。在身体大多数部位长齐羽毛后，幼鸟在接下来月内仍会保留头部和颈部的条纹状绒毛，可能是为了避免受到成鸟的攻击。

鸣声 多种形式的哨声和吠声。生活在植被茂密地区的种类相对更依赖于鸣声，它们用高度同步的"二重奏"取代了仪式化求偶中的部分程序。

巢 浮巢，由腐化的植被编成，附于伊乐藻。

卵 窝卵数通常为2~4枚，高纬度种类为3~8枚；颜色起初为淡蓝，但不久就变成白色或米色。卵的外壳由一层优质的磷酸钙包裹，使它们在浸湿时照样可以"呼吸"。孵化期22~23天，但由于孵化不同步，巢中有卵的时间可以达到35天。

食物 水栖昆虫、甲壳类、软体动物和鱼，有时也会食蝌蚪和环节蠕虫。

羽毛"的特殊习惯，同时会饮大量的水。摄入的羽毛可能会填满半个胃，从而形成毡子般的一层衬里，然后每隔一段时间和食物中不能消化的部分一起反刍出来。吃羽毛的习惯可能是一种针对寄生物的适应性行为——由于䴙䴘的食物杂，身上有大量的寄生物。然而，为何新西兰䴙䴘和灰头䴙䴘不食羽毛则依然是个谜。

● 颜色的意义

䴙䴘的求偶炫耀行为非常吸引人，包括一系列精妙的仪式化姿态，程序相当复杂，特别是凤头䴙䴘属的种类，还会经常使用它们头上可竖起来的翎羽和冠羽。具体的行为包括在水面上并肩跑动，喙中衔着野草同时潜入水中，然后一起浮出水面，以及胸贴着胸站在一起耳鬓厮磨等。朱利安·赫胥黎爵士对凤头䴙䴘求偶行为的研究（1914年）在动物行为学历史上具有开创性意义。而对新近发现的阿根廷䴙䴘（1974年）进行详细的求偶行为研究后，证实了该种类与黑颈䴙䴘、银䴙䴘及秘鲁䴙䴘之间的密切亲缘关系。近年来，人们对北美䴙䴘和克氏䴙䴘的研究发现，这些炫耀行为在结偶过程中发挥着至关重要的作用。这两个种类在形态结构、栖息地选择以及地理分布上极为相似，以致人们认为它们是同一种类，它们的区别仅仅是着色变异而已。但只有色彩一样的变种，才有可能在一起配对。而每个变种使用迥然不同的炫耀鸣声来求偶，种类之间的区别就体现出来了。䴙䴘求偶炫耀中一个有趣的特点是，雄鸟和雌鸟正常的性别角色会颠倒过来，甚至交配姿势也是如此。

◥ 䴙䴘的代表种类
1.没有华丽羽衣的小䴙䴘；2.凤头䴙䴘的求偶炫耀行为中的"亮相"表演；3.一身夏装的角䴙䴘；4.斑嘴䴙䴘的雏鸟骑在亲鸟身上；5.一对北美䴙䴘。

大部分䴙䴘具有很强的领域性。有些营巢于繁殖群居地，但在觅食区方面仍与其他同类保持一定距离，还有一部分䴙䴘如灰头䴙䴘则始终都是雷打不动的群居者。秘鲁䴙䴘为集体捕食，排成一排同时潜入水中。而阿根廷䴙䴘则对䴙䴘类都很友善。在冬季或集结时，一些䴙䴘种类会大规模地聚集在一起。如䴙䴘类中数量最多的黑颈䴙䴘，仅秋季在加利福尼亚的一个湖上便有近100万只群集在一起。

䴙䴘对繁殖时期的选择很灵活。热带地区的䴙䴘似乎更倾向于如果有充足的食物来源就顺其自然进行繁殖，而不拘泥于特定的繁殖季节。非洲的小䴙䴘和澳大利亚的灰头䴙䴘可能会在下了一场不期然的大雨所造成的池塘临时性水溢后的数天内开始繁殖。

阿根廷䴙䴘的特别之处则在于它产下2枚卵，却只带1只雏鸟离巢而去，即如果第1枚卵顺利孵化，那么第2枚卵就被完全抛弃了。

● **消灭交易**

大型的䴙䴘类曾遭到大面积的捕猎，因为"䴙䴘毛皮"——䴙䴘腹部的白色皮肤，被广泛用于制作妇女的披肩和围巾。结果，西欧地区的䴙䴘几近灭绝，但接下来人们又从世界其他地方引进䴙䴘毛皮。䴙䴘交易问题遂成为随后新兴的各种鸟类保护协会

↗ **一只赤颈䴙䴘背着它的雏鸟**
幼䴙䴘在食物、保暖和安全方面都依赖于它们的亲鸟，它们会在亲鸟的背上待数周（潜水时除外）。

关注的一个焦点。得益于有效的保护措施，䴙䴘再次广泛分布开来。而䴙䴘肉被认为难以下咽，因而很少有人将它作为野味来猎捕。

目前，有7种䴙䴘上了"红色名录"（即被国际自然保护联盟列为受胁种类）。威胁这些䴙䴘的有多种因素，包括湿地缩减、杀虫剂污染等。其中不会飞的巨䴙䴘以及哥伦比亚䴙䴘已经灭绝。马岛小䴙䴘的拉氏种似乎已无从拯救。水电站引起的水位变化及采矿造成的污染威胁着秘鲁䴙䴘的栖息地，而该种只生活在秘鲁高地上的一个湖中。新西兰䴙䴘现在仅限于北岛，总共的数量约为1700~1800只。另外，马岛小䴙䴘也值得关注，不过目前形势还不算太严峻。近半个世纪以来，该种类的数量一直在下降，原因是栖息地的减少和外来食草鱼的引入，后者导致栖息地的生态环境发生重大变化，结果使另一个竞争者小䴙䴘开始在那里建立种群。

鲣鸟 下一场"鸟雹"

> 鲣鸟是自然界中最有"集体主义"精神的海鸟，它们从空中扎入水中群体捕食的壮观景象就像下了一场"鸟雹"。另外，它们也喜欢不劳而获：跟踪在渔船后面，只要有死鱼扔下来，立即上来哄抢精光。

鲣鸟为较大的海鸟，繁殖地的范围从北冰洋跨越热带直至亚南极地区。它们以富有戏剧性的"扎入式潜水"、亮丽的色彩以及遍布的群居地而出名。它们在保护自己的巢时坚强不屈，结果大量遭残害。所有的鲣鸟都成群繁殖，既会出现上百万只秘鲁鲣鸟密密麻麻地挤在一起、密度达到每平方米3~4对的现象，也有如粉嘴鲣鸟那样，巢相当分散的。繁殖群的密度变化一定程度上与种类相关，而在种类内部往往是营巢密集种群的变化比营巢稀疏种群的变化小。此外，秘鲁鲣鸟还是"三大"营巢鸟类之一，另外2种分别为南美鸬鹚和秘鲁鹈燕。

● 流线型"扎入式潜水者"

鲣鸟拥有流线型的鱼雷式身体，腹部扁平，尾部渐长，翅膀狭长而成角度。飞行肌相对较小，翼负载很高。为了飞得远而快（必要的觅食适应性体现），身体就需要尽可能减小阻力，所以所有鲣鸟都具有高展弦比的翅膀，不过飞行能力和潜水能力则因各种类的体积、体重、翼占身体比以及尾长的不同而各异。如体轻、尾长、肱骨短的雄性蓝脚鲣鸟在浅水域潜水时异常灵活，而相比之下，体重、尾短、肱骨长的鲣鸟则能够潜入水流湍急的大海深处。对于鲣鸟而言，潜水对身体的冲击力可以由皮肤和肌肉之间可膨胀的气囊加以缓解。

不同种类的鲣鸟具有不同形状的喙。每个种类的喙横截面形状都各具特色，反映出每个种类在夹食力度及喙尖活动速度等功能上的差异，而这些都是适应各自觅食需要的体现。喙的侧缘为锯形，末端下弯的上颌可以向上活动，从而更容易吞入大的猎物。鲣鸟没有张开的外鼻孔，因为这与扎入式潜水相冲突。此外，鲣鸟具有双目视觉，这一功能对于进行三维感知至关重要。它们的腿矮粗结实，足上四趾间均具蹼。色彩耀眼的蹼在求偶炫耀时会被用来招摇。

所有鲣鸟都用尾脂腺的蜡质分

泌物来保持羽毛防水，同时也可以抑制皮肤上的寄生物。它们的飞羽分不同阶段脱换，所以身上总是有些飞羽是新长的，有些是原有的，有些刚长齐了一部分。尾羽则不定期更换。换羽一般发生在一年内相对最悠闲的时期，而终止于任务繁重之际。

● 漂洋过海

鲣鸟的繁殖地遍布三大洋，分布于北纬67°至南纬46°之间的各个地带。纽芬兰的北鲣鸟在冰天雪地的岩石上孵卵，而赤道地区的蓝脸鲣鸟则不得不忍受赤日炎炎的煎熬。蓝脸鲣鸟、褐鲣鸟和红脚鲣鸟分布广泛，而粉嘴鲣鸟则是唯一仅限于单个小地区分布的鲣鸟（印度洋上的圣诞岛）。

除粉嘴鲣鸟外，为人类记载最翔实的鲣鸟种类当数北鲣鸟、澳洲鲣鸟和南非鲣鸟，这3个种类的数量都不足750 000只。北鲣鸟有42个繁殖群居地，主要集中在苏格兰；南非鲣鸟有6个群居地；澳洲鲣鸟则有37个繁殖群居地。其中，南非鲣鸟和澳洲鲣鸟实现了杂交。

数量最多的鲣鸟为秘鲁鲣鸟，除了在周期性的饥荒中数量会骤减外，一般情况下有数百万只。其次为广泛分布的红脚鲣鸟。数量最少的无疑是粉嘴鲣鸟，全世界仅有约2 500对左右。

鲣鸟在那些富有种类特色的栖息

↗ 1.一只飞翔的南非鲣鸟，这一种类在南非以及纳米比亚沿海的炎热气候中繁殖；2."扎入式潜水"的北鲣鸟；3.当一只雌秘鲁鲣鸟有意寻觅配偶时，一只雄鸟便向它"推销"自己，求偶行为通常就是以这样的方式开始的。

地营巢,有时会选择在沿海的岬角,不过通常还是在小岛上,因为在那里一方面可以避开陆地食肉动物,另一方面,周围都是潜在的觅食区。陡峭的悬崖、斜坡、平地、低矮的灌木丛以及处于"顶级群落"的林木都可以用来营巢。当2种或2种以上鲣鸟发生分布重叠时,它们几乎无一例外地选择使用不同的栖息地。

● 群体捕食

与鸬鹚和鹈燕不同的是,所有鲣鸟的食物均只为海洋性食物。除了粉嘴鲣鸟,其他都在近海岸觅食,其中一些种类,特别是北鲣鸟、澳洲鲣鸟和南非鲣鸟,会从群居地飞越数百千米去海上觅食,甚至在繁殖期也是如此。

群体捕食是鲣鸟的一大特色(尽管并非总是一成不变),捕鱼的群体可包含数百只鲣鸟(尤其是秘鲁鲣鸟和北鲣鸟)。它们从空中扎入水中追捕猎物的景象简直是下了一场名副其实的"鸟雹"。刚开始潜入水中时,可能只在水面下一两米。接下来,它们通过游泳,使用翅膀和脚,可以潜至更深处。红脚鲣鸟专捕飞鱼。此外,鲣鸟自然也不会放过被水下掠食者(如金枪鱼和海豚)赶到海面上来的鱼。一些鲣鸟会采取冲浪式行动,而蓝脚鲣鸟常常像鹭鸶一样在海面潜水。鲣鸟经常会跟在渔船后面捡食腐肉,只要有死鱼扔下来,它们随即一哄而上,抢个精光。

● 群居地冲突

在建立起繁殖巢址前,雄鸟先从

知识档案

鲣鸟
目 鹈形目
科 鲣鸟科

3属9种:北鲣鸟、澳洲鲣鸟、南非鲣鸟、蓝脚鲣鸟、褐鲣鸟、蓝脸鲣鸟、秘鲁鲣鸟、红脚鲣鸟、粉嘴鲣鸟。鲣鸟有时被划为一个"超种",分3个"分种"。

分布 北大西洋、南非、大洋洲(前3种),泛热带海洋(后6种)。

栖息地 主要在海岛和岩石上繁殖。

体型 体长60~85厘米,翼展1.41~1.74米,体重0.8~3.6千克。雌鸟大于雄鸟,或两性相近。

体羽 所有种类的成鸟下体为白色(红脚鲣鸟的某些亚种除外),上体为数量各异的黑色或褐色体羽。绝大部分的喙、脸部和足部色彩鲜艳。

鸣声 嘶哑的咕哝声或洪亮的叫喊声,均既有单音又有多音;微弱的嘘嘘声。

巢 群巢,结构从简单粗糙到精致牢固不等。

卵 窝卵数1~4枚;颜色有浅色、白色、淡蓝色、绿色或粉红色。孵化期42~55天。

食物 鱼、乌贼和腐肉。

空中对地形进行侦察,然后选定一处新址,并用斗争和炫耀来加以维护。在澳洲鲣鸟属的3个种(北鲣鸟、澳洲鲣鸟和南非鲣鸟)中,尤其是北鲣鸟,领域斗争会非常激烈。而在鲣鸟属(其他6种鲣鸟)中,争夺相对比较缓和,而且并不常见。事实上,粉嘴鲣鸟甚至极少扭打在一起,因为万一掉到丛林地上,它们就飞不起来,这样的风险无疑太大了。

主要的鲣鸟属种类(粉嘴鲣鸟和红脚鲣鸟除外)拥有基本类似的炫耀行为,而且每个种都进化了各自的变异之处。所有鲣鸟的炫耀行为似乎是一种"改头换面后的挑衅",即攻击性的行为(如咬地面或咬树枝)得到了规范,如今以一种"改进的"、"优雅的"形式出现。分布稀疏的地面营巢者如蓝脚鲣鸟,会沿着它们的领地游行,并在边界处炫耀。而对于澳洲鲣鸟属种类来说,巢址本身便是唯一的领域,它们就在那里炫耀。

雌鲣鸟在选定适合自己的雄鸟和巢址之前,会先通过飞行或步行四下寻觅配偶。鲣鸟属种类的雄鸟借助一种特殊的鸣叫,以及显眼的炫耀行为(除粉嘴鲣鸟外,各个种都相类似)来向雌鸟推销自己。特别是蓝脚鲣

↗ **一对蓝脸鲣鸟**
这种体重最重的鲣鸟有时起飞会有困难,所以其群居地常常位于悬崖边或其他有持续上升气流的地方,那样飞起来就容易一些。有学者认为,这一种类的加拉帕戈斯亚种(其中有些群体具有独特的橙色喙)应当被划为种。但事实上,褐鲣鸟和(尤其是)红脚鲣鸟的内部群体差异比蓝脸鲣鸟更明显。

↗ 北鲣鸟正在飞越苏格兰福斯湾的巴斯岩

鲣鸟常常远离海岸线去觅食或迁徙，途中会交替采用稳健的上升飞行和短暂的滑翔。捕鱼时，它们会从离水面15米的空中或更高处垂直扎入海中。

鸟，其炫耀行为中包括令人感到不可思议的翅膀的伸展及转动，即翅膀的上表面可以朝向前面的雌鸟。相比之下，澳洲鲣鸟属种类的炫耀行为并不起眼，看来与鲣鸟属种类的炫耀行为有着不同的起源。伴侣们通过互动行为来构建并维持一段稳固的感情，如澳洲鲣鸟属种类及粉嘴鲣鸟会进行惹人注目的贴面炫耀。相互梳羽也有助于巩固感情。当然还有交配，特别是澳洲鲣鸟属种类的交配频繁而持久，会给双方带来相当的触觉刺激。

鲣鸟的巢既有结构结实筑于悬崖、树上或泥泞的地面的，也有仅仅象征性地堆积一些巢材的。如蓝脸鲣鸟和蓝脚鲣鸟的雄鸟会四处找来成百上千的碎片，从筑巢角度而言没有任何价值，但对于加强配偶感情有重要意义。

鲣鸟的卵与其他大部分海鸟的卵相比显得较小，重量占母鸟体重的比例从3.3%（北鲣鸟）到8%（粉嘴鲣鸟）不等。而那些雏鸟有可能面临长时间食物匮乏的种类所产的卵相对较大。澳洲鲣鸟属的3个种类以及红脚鲣鸟和粉嘴鲣鸟总是只产单枚卵，蓝脸鲣鸟和褐鲣鸟产1~2枚卵，蓝脚鲣鸟产2~3枚，秘鲁鲣鸟则产2~4枚卵。若卵在孵化期前半段时间里丢失，所有鲣鸟都能够重新再产卵，但只有蓝脚鲣鸟和秘鲁鲣鸟会抚育1只以上的雏鸟直至其飞羽长齐。鲣鸟将卵放于蹼足下孵化，那里血管丰富、非常暖和。孵化期为42~55天，具体依种类而定，其中粉嘴鲣鸟的孵化期最长。

所有鲣鸟的雏鸟孵化出来时基本上都是赤裸的，肤色因种类和地区而各异，这很可能是食物不同造成的结果。绒毛为白色（仅粉嘴鲣鸟的肩部有一簇黑色的羽毛）。蓝脸鲣鸟和褐鲣鸟通常孵两雏，间隔约5天，但先孵化的雏鸟总是将后出生的雏鸟驱逐出巢并杀死。不过，倘若先出生的雏鸟因食物匮乏而死，那么后孵化的雏鸟常常可以存活下来，这也给了一窝两卵存在的价值。人们曾将先出生的蓝脸鲣鸟的雏鸟从巢中挪走，待后孵化的雏鸟长大到差不多时再放回，以此来试图劝服先孵化的雏鸟接受它的同胞弟妹，结果被证明是不成功的，攻击依旧继续。蓝脚鲣鸟有时的确会抚育两雏，但一旦出现食物短缺，先出生的雏鸟便会霸占所有的食物，结果导致另一只雏鸟死亡。唯有秘鲁鲣鸟因洪堡洋流受益匪浅，它们可以获得极为丰富的凤尾鱼，因此常常抚育两雏或三雏。鲣鸟雏鸟的生长发育速度因种类不同而存在很大差异，并有赖于可获得的食物来源的丰富程度。当食物充足稳定时，雏鸟发育相对较快，如澳洲鲣鸟属种类的雏鸟在100天内可以长齐飞羽，而相比之下，粉嘴鲣鸟则需6个月。

即将孵化的卵和刚孵出的雏鸟会被亲鸟转移至蹼足上面，否则会被压碎或窒息。雏鸟直接从亲鸟张开的嘴中取食往往很困难，于是亲鸟会把头倒转过来，使食物掉到上颌槽里。亲鸟会持续育雏至少2周，之后如果食物情况不乐观，需要双亲同时外出觅食，那么雏鸟便会被单独留于巢中而无人看护，这尽管是不得已而为之，却十分危险。雏鸟的乞食行为总是离不开对亲鸟喙的纠缠，而乞食引发的暴力现象在地面营巢的鲣鸟种类中比粉嘴鲣鸟更为普遍，毕竟对后者而言，从森林的树阴层摔到地面，始终都是一种更大的危险。

飞羽长齐的雏鸟独立期的长短很重要。在鲣鸟属种类中，雏鸟在飞羽长齐后（"后飞行期"）还会依赖亲鸟1~6个月，以粉嘴鲣鸟以及红脚鲣鸟的某些种群为最长。在这段时期内，幼鸟向亲鸟学习如何熟练地捕鱼，然后再广泛地扩散分布开去，开始漫长的"前繁殖期"。然而，在澳洲鲣鸟属的3个种中，雏鸟一旦飞羽长齐就直接下海，没有亲鸟相伴，即不存在后飞行期亲鸟的支持或遗弃。这很大程度上直接影响了后飞行期雏鸟的存活率——澳洲鲣鸟属种类相对较低。

只有在澳洲鲣鸟属的3个种中，幼

鸟的迁徙活动方向明确，其他鲣鸟都不同程度地略显散乱。鲣鸟的成鸟不陪伴幼鸟迁徙。在经历一段长短不一的流浪期后，几乎所有的幼鸟（除粉嘴鲣鸟的）都会回到它们的出生群居地进行繁殖。而一旦在一个繁殖群居地定居下来后，鲣鸟就极少再去别处繁殖。有些种类，特别是澳洲鲣鸟属种类和粉嘴鲣鸟，会忠于一个巢址和一个配偶，其他种类则可能会更换其中一者或两者。

鲣鸟的寿命受到人类活动的影响（如污染、捕杀、栖息地被破坏等）。有些鲣鸟可以活到40岁甚至更长，但它们的平均寿命还不及这个数字的一半。

● **数量下降**

粉嘴鲣鸟目前已受到特别保护。然而，澳大利亚政府计划在最大的粉嘴鲣鸟群居地边上建立一个移民拘留中心，这引起了人们的担忧。

许多鲣鸟的数量都在减少。虽有各种保护法规，捕杀鲣鸟和攫取鸟蛋的行为至今在许多泛热带地区仍在盛行。秘鲁鲣鸟则遭受着周期性自然灾害的影响，通常与厄尔尼诺现象有关，而洪堡洋流所经海域的过度捕鱼无疑进一步恶化了秘鲁鲣鸟的处境。非洲的一些鲣鸟，尤其是南非鲣鸟，同样也受到猎物被过度开发以及水域被污染所带来的威胁。

↗ 澳洲鲣鸟属种类的鲣鸟平时相对沉默，但在繁殖期，整个群居地的吼声简直是震耳欲聋。

鹳 最会耍"强权政治"

> 为了适应生存环境，鹳大都长腿、长喙，走路优雅大方。它们也不挑食，鱼、昆虫、无脊椎动物，都可以成为它们钟爱的美味。甚至有些种类还爱吃腐肉。它们虽然不善于撕扯肉，但庞大的体型和巨大的喙，可以保证它们从秃鹫那儿窃走一些。这也算是鸟世界的"强权政治"吧！

在欧洲国家，白鹳一直以来都是圣洁和可靠的象征。它们会做长途迁徙，却表现出高度的忠诚——春天如期返回巢址。鹳是如此可靠，它们营巢于村庄，与人类愉快相处，甚至流传着鹳接送小孩的民间故事（源于德国和奥地利）。

● 吉祥之鸟

普通鹳为大型涉禽，长腿、长喙，仪态大方挺拔，走路昂首阔步，栖息于湿地、水边、农田和热带大草原。它们钟情于暖和的大陆性气候，尽量避开冷湿地带，广泛分布于热带和亚热带。少数种类营巢于温带，但在热带地区也有分布。鹳种类数目最多的为热带非洲和热带亚洲。

白鹳和黑鹳的分布尤为广泛，营巢地遍布欧洲、东亚、北非和非洲南部。两者一年内大部分时间在非洲或印度度过。普通鹳还包括秃鹳类和大型鹳类，如裸颈鹳、黑颈鹳、鞍嘴鹳以及非洲秃鹳，后者的翼展可达2.9米。除了裸颈鹳和黑尾鹳，普通鹳均为旧大陆种。

鹳的翅膀长而宽，飞行能力出色。飞翔时，颈普遍前伸，但秃鹳类例外，它们头部回缩。鹳能做出多种特技飞行动作，如俯冲、垂直下落、空中翻转等。黑鹳双翅相对较窄，更多地依赖于翻转飞行，为鹳类中所少见。大部分鹳会轮流进行翻转飞行和随上升热气流翱翔。

普通鹳的喙长而沉，大部分笔直，只有裸颈鹳的巨喙微向上弯。它们通过慢慢走动或站立不动来捕食多种水上和陆上的猎物。一只普通鹳会缓慢地穿过农田，伸长颈、低下头来寻找猎物。大型鹳长有巨喙，可以捕食大的猎物。黑颈鹳在捕猎时有时会来回跑动、跳跃及扑动翅膀，新大陆最大的鹳——裸颈鹳则通过触觉觅食。它们慢慢涉水，每过一段时间便将张开的喙伸到水里。秃鹳的巨喙可用于撬动、咬断和撕碎猎物,同时也是在觅食地与竞争者展开争夺的有力武器。

鹳鹳族包括像鹳一样具下弯喙的鹳和与鹳鹳具有亲缘关系的钳嘴鹳(如它们的名字所暗示的,在它们的上下颌骨之间有一道可见的空隙)。除黑头鹮鹳外,均为旧大陆种类,栖息于热带湿地,那里季节性的降雨使水位起伏很大,大型的螺非常丰富。鹳鹳都依靠触觉觅食,缓慢涉水,喙部分张开,伸入浅水中,一触到鱼迅速咬合。通常在水位下降、鱼变得更集中时,它们的捕鱼手段便特别有效。钳嘴鹳的喙可用于捕食软体动物,尤其是水中的螺。喙尖伸入壳的开孔,啄断螺的肌肉,然后将整只螺肉拉出来。钳嘴鹳会骑在游动的河马身上来捕食被河马搅起来的螺。

鹳鹳类、秃鹳类以及裸颈鹳头部不覆羽,两性相似,但雄鸟大于雌鸟。黑颈鹳和鞍嘴鹳的雄鸟具黑虹膜,而雌鸟为黄虹膜。鹳颈部皮肤下部具气囊,其中非洲秃鹳和大秃鹳具长而裸露的下垂喉囊。幼鸟羽色暗淡,出生一年内羽毛全部长齐。黑尾鹳成鸟体羽为白色,但雏鸟为黑色,很可能是为了增加隐蔽性。此外,非洲钳嘴鹳为黑色,而与它具有密切亲缘关系的亚洲钳嘴鹳则为白色。喙的

↘生活于南亚和东南亚的彩鹳以繁殖群庞大而出名。例如2002年,有不少于5 000只的彩鹳在村民的积极保护下,聚集在印度南部的小村庄——维拉普拉一起营巢。

颜色连同裸露的头部和腿部肤色，是区别各种鹳的重要特征。而这些部分的颜色在求偶期间会变得越发鲜明。例如，繁殖的黑尾鹳有一个醒目的蓝灰色喙，在靠近红色脸部的地方则成栗色。裸颈鹳只要一兴奋，它的粉色颈圈就会变成深红色。

温带繁殖的鹳以及一部分热带繁殖的鹳会进行季节性迁移，但热带种类的迁移距离相对较短，不及前者为适应会影响繁殖条件的降雨模式的变化而展开的迁徙。相比之下，欧洲白鹳的迁徙自"圣经时代"起便已出名。但鹳的迁徙依赖于上升热气流，而后者往往见于陆地上空，因此便限制了迁徙路线，它们只能在水面上做短途飞行。于是，欧洲白鹳选用2条路线前往非洲，一条经过伊比利亚半岛南下，另一条穿过中东进入埃及。两条路线都避开了在地中海做长途海上飞行。

● 猎手和食腐者

大部分鹳单独或成小群觅食，不过当食物丰足时，也会形成大的觅食群体，这在鹮鹳类中尤为常见。另外，白腹鹳也经常大规模群体狩猎，特别是在草丛的火堆边和成群的蝗虫附近。

通过沿热气流翱翔，鹳可以从繁殖群居地或栖息地出发进行长途觅

↗ 尽管分布范围广泛，黑鹳仍倾向于避开有人类活动的区域。它们更偏爱森林，在多沼泽的空旷地上或溪流边捕食鱼类和水生无脊椎动物。

食。尤其是白鹳、鹮鹳和秃鹳，能够飞到很高的高度，滑翔至远处的觅食点。这种方式有助于它们锁定食物集中的地方，然后进行群体捕食。在东非，会出现多达7个种类的鹳在同一个地点捕食的情况。

鹳类的食物多种多样。白鹳平时食水生脊椎动物、昆虫和蚯蚓，然而在非洲的过冬地却被称为"蝗虫鸟"，因为它们经常跟踪蝗虫群。此外，它们还会随时跟随割草机。鹮鹳类和钳嘴鹳类为特化鹳，猎食范围相对很窄。

秃鹳、大秃鹳和非洲秃鹳主要以食腐肉为生。它们与秃鹫和鬣狗一样，都以经常光顾动物的尸体而出名。其中，曾经在印度城市街头经常可以见到的大秃鹳会食包括人的尸体在内的多种遗弃物。虽然不善于撕肉，但庞大的体型和巨大的喙保证它们能够从秃鹫身边窃得少量肉。非洲秃鹳经常出没于被食肉动物捕杀的猎物尸体附近、牲畜围场、犁过的农田、垃圾场以及即将干涸的池塘（那里有育雏所必需的新鲜猎物）。它们还会从很远处就被草丛的火堆所吸引，并且沿着火势前进。其猎物大小差别很大：它们既会站在白蚁集中的土墩上捕捉成群的白蚁，也会捕杀大型的猎物，如幼鳄鱼、红鹳的雏鸟和成鸟、小型哺乳动物等。

● 雨的使者

所有鹳类的繁殖周期都具有很强的季节性，取决于食物的供应情况。只有白鹳和黑鹳会定期离开热带，在温带的春季和夏季营巢。黑头鹮鹳在干旱季节营巢，因为那时快干涸的池塘里猎物集中，很容易通过触觉觅食捕获。非洲秃鹳也选择在干旱季节营巢，因为那时尸体和腐肉同样容易觅得。其他鹮鹳类则在潮湿季节营巢，这是猎物最丰盛的时候。而白腹鹳在埃塞俄比亚被认为是"雨的使者"，因为它们在每年的第一场大雨降临时开始营巢——大雨使它们所食的昆虫大量涌现。

鹮鹳类、钳嘴鹳类、秃鹳类以及白腹鹳都群体营巢,并且会和水禽类的其他种类群居在一起。其他种类如白鹳和黑尾鹳,或者繁殖群很松散,或者为独居。大型的鹳倾向于单独营巢。黑头鹳的一个繁殖群居地可能会出现上万个巢,而欧洲的许多村庄里则往往仅有一对白鹳在当地营巢。

大部分鹳营巢于树上,但也会营于悬崖和地面。非群居的热带种类如鞍嘴鹳会和配偶一年四季双飞双宿;白鹳则通常是繁殖期到来时和以前的配偶重新配对,因为双方都会被吸引到之前的巢址。巢址一般都靠近容易获得食物来源的地方,如黑头鹮鹳会

↗ **鹳的代表种类**
1.非洲钳嘴鹳;2.黑头鹳;3.非洲秃鹳;4.白鹳。

选择快干涸的池塘边，非洲秃鹳会将巢筑在产生尸体和腐肉的牧场附近，白鹳则营巢于农田旁。

雄鸟挑选巢址，并捍卫它不受任何侵犯。一般是雄鸟开始做各种求偶炫耀行为，被吸引的雌鸟以表示满意的行为进行回应。炫耀行为依种类而各异，但通常包括身体的上下运动、鸣叫及喙的格格作响。在极端的求偶炫耀中，鹳可以将颈一直向后弯直至头触到背。在有些种类中，做出这样的姿势会将喉部的一个共鸣腔打开，从而使上下颌的快速咬动声更响亮。甚至刚孵化的雏鸟也会这么做。

双亲共同孵卵，一起喂养相对没有行为能力的雏鸟。喂食时，亲鸟将食物回吐到巢底。它们还会将水回吐到卵上和雏鸟身上，很可能是为了给它们降温。繁殖成功率取决于食物的供应状况和天气条件。事实上，只有当整个繁殖期都有充足的食物来源时，鹮鹳类才能将雏鸟喂养至长齐飞羽，而在降雨量很大的年份或地区，白鹳的繁殖成功率就很低。

知识档案

鹳
目 鹳形目
科 鹳科
6属19种。

分布 遍布温带和热带地区。

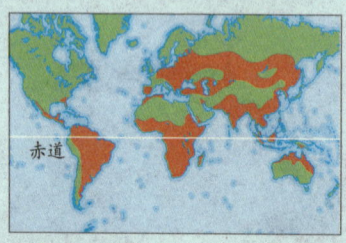

普通鹳（鹳族）

4属13种：黑鹳、白腹鹳、白颈鹳、黄脸鹳、黑尾鹳、白鹳、东方白鹳、黑颈鹳、鞍嘴鹳、裸颈鹳、秃鹳、大秃鹳、非洲秃鹳。**分布**：旧大陆的热带和温带地区，另有美洲热带种1种。**体型**：体长75~150厘米，体重0.9~7.4千克。大部分种类雄鸟大于雌鸟。**体羽**：主要为白色、灰色和黑色。**鸣声**：通常安静，在营巢期间依种类不同会发出多种鸣声，如哞哞声、嘘嘘声和喙的格格作响声。**巢**：以树枝、草根和嫩细枝等巢材筑起的大型结构。白鹳的巢可反复使用，故可达数米深。**卵**：窝卵数通常为1~4枚，最多可达7枚；白色。孵化期29~38天，雏鸟留巢期55~115天。**食物**：多种鱼类、水栖昆虫和其他无脊椎动物，有些种类食陆栖昆虫尤其是蝗虫。

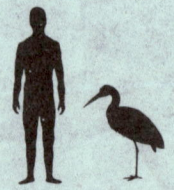

鹮（鹮鹳族）

2属6种：黑头鹮鹳、白鹮鹳、黄嘴鹮鹳、彩鹮鹳、非洲钳嘴鹳、钳嘴鹳。**分布**：旧大陆的热带地区，另有美洲热带种1种。**体型**：体长80~105厘米，体重1~3.4千克。雄鸟大于雌鸟。**体羽**：5个种类为白色（其中2个带粉色），1个种类为黑色。**鸣声**：通常安静，在繁殖群居地会发出喇叭般的鸣声或嘶嘶声。**巢**：大型树枝结构。**卵**：窝卵数1~5枚；白色。孵化期25~32天，雏鸟留巢期35~65天。**食物**：鹮鹳属为食鱼特种，钳嘴鹳属则专食螺。

● **保护湿地保护鹳**

近年来一些鹳的种群数量出现了大幅下降。甚至连长期以来被视为多子多福之象征的白鹳也难逃厄运。1900~1958年,白鹳的西欧种群数量减少了80%,1900~1973年,下降了92%。在瑞典和瑞士,已没有鹳营巢。

鹳数量减少的确切原因不明,但可能的原因有夏季变得更凉更潮湿、巢址被破坏、杀虫剂的滥用、过度捕猎、人类农业实践活动的变更等。欧洲的鹳类数量近年来一直呈下降势头,原因就在于越来越多的觅食地成了现代农业的牺牲品。而人类在其非洲过冬地的捕猎行为很可能也是导致它们数量减少的一大因素。

大秃鹳的种群数量在各个分布区域内都大幅减少。仅生活于东南亚红树林中的白鹮鹳因栖息地遭到破坏也面临危险。有些种类如黑颈鹳,在大多数分布区都已很稀少,另一些种类如钳嘴鹳虽然数量仍较多,却仅限于局部地区。黑头鹮鹳虽然在其他分布区很兴旺,但在美国佛罗里达州南部却在减少,原因是大沼泽地国家公园的生态变化使该鸟无法觅得足够的食物来育雏。总体而言,鹳的种群和数量不容乐观,因此,保护湿地和其他觅食地乃是保护鹳的根本之道。

↗ **裸颈鹳所筑的醒目大巢**
裸颈鹳每年回到巢中都会添加巢材。这一种类见于墨西哥至阿根廷北部之间的某些栖息地(如热带大草原和沿海潟湖)。

鹰、雕、兀鹫 鸟世界的"高层领导者"

> 鹰、雕、兀鹫同属于猛禽类，处于食物链的顶端。它们都能在高空做长时间的飞行，视力极佳，不愧为"千里眼"，而兀鹫除了眼力好外，还有一利器——嗅觉灵敏。这与它们"重口味"的饮食习性有关：它们喜好吃腐尸。

昼行性的鹰科是迄今为止世界上最大的食肉鸟群体。种类繁多，体型各异（小至如伯劳鸟那样的娇鸢和侏雀鹰，大至如天鹅般大小的虎头海雕和皱脸秃鹫），意味着鹰科鸟类无论在形态还是觅食习性上都呈现出广泛的多样性。鹰科食肉鸟以壮观的空中炫耀表演而出名，但在领域炫耀中，有些种类（如蛇雕和非洲冠雕）只是做翱翔和鸣叫。领域炫耀行为既可以是模仿进攻，如一只鸟俯扑向另一只鸟；也可以演变成真正的攻击，即相互之间有接触行为；有时则会出现翻筋斗旋转而下的精彩场面。而求偶炫耀常常为反复的波状飞行，一般主角是雄鸟，先扇翅向上翱翔，然后合翅向下俯冲。一些种类如鱼雕，扇翅节奏会比平时慢，幅度则更大。另一些种类如非洲鹃隼，炫耀中会翩翩起舞。还有少数种类（如黑雕）向下俯冲时动作灵活多变，甚至会做出又翻圈又成环形飞行的动作。

在求偶期间一般是雄鸟给雌鸟喂食，通常在栖木上进行。然而，鹞类会进行壮观的空中食物接力——飞翔的雄鸟放下食物，雌鸟迎到半空中接住。

↗ 空中食物接力
在白头鹞中，外出为雏鸟觅食的雄鸟并不返回巢中，而是雌鸟迎上前去，在空中仰面朝上接住由雄鸟扔下的猎物。

● "鹰击长空"

鹰科中最大的3个群分别代表了

公众最熟悉的食肉鸟：鹰、鵟、雕。其中人们最耳熟能详的鹰类有6属58种，大部分为鹰属种类（科内最大的属），如苍鹰、雀鹰等。它们为中小体型的鹰，翅短而圆，尾长，善于在林地或森林中曲折穿行，快速追捕小鸟、爬行类和哺乳动物，这些是它们中许多种类的主要食物。大多数在栖息地相当隐秘，不容易观察到。但非洲的一部分鹰，如浅色歌鹰，多见于开阔的大草原，栖于显眼的栖木上，它们捕食各种地面小动物，此外还会食珠鸡。

令人过目不忘的短尾雕

墨黑色的羽毛、醒目的红色脸部、黄色的喙，再加上短短的尾巴和长长的翅膀，使短尾雕很容易一眼就被认出来。有时，这种鸟会连续飞上300千米的距离。

鵟类同样为一个大群，甚至更细化，包括13属57种，主要以小型哺乳动物和某些鸟类为食。真正的鵟（即鵟属的鵟）分布非常广泛，如欧洲的普通鵟、北美的红尾鵟、南美的阔嘴鵟、非洲的非洲鵟等。鵟类在新大陆最具多样性。体型大者如南美森林中强健的角雕，主要捕食猴和树懒；体型中等者如食鱼的黑领鹰；体型小者如以食昆虫和小型爬行类为主的南美鵟系列。而后两者也均见于南美森林。在世界其他地方，鵟类的多样性则体现在诸如稀少而引人注目的菲律宾雕（具有长而尖的头羽和巨大的喙）、小巧的非洲蝗鹰鵟、新几内亚山地林中的长尾鵟等种类身上。

鹰科大型种类的代表种

1.斯氏䳓,从阿拉斯加迁徙至阿根廷,穿过中美地峡,以避免做长途海上飞行;2.棕尾䳓;3.白头海雕,是非常出色的捕鱼能手,但与鹗同处一地时会经常抢夺后者的食物;4.西班牙雕;5.饰冠鹰雕;6.黑雕;7a.一只兀鹫的脚,兀鹫能够在地面自如行走和跑动;7b.雕的脚爪强健有力,能够紧紧抓牢猎物;8.亚洲的白背兀鹫,栖息于印度的农田中;9.一只秃鹫在用喙给雏鸟喂水;10.胡兀鹫;11.棕榈鹫。

知识档案

鹰、雕和兀鹫
目 隼形目
科 鹰科
62属234种。

分布 全球性（除南极），包括许多海岛。热带种类最丰富。

赤道

栖息地 从雨林至沙漠再到北极苔原。森林边缘带、林地和大草原最丰富。

体型 体长20~150厘米，体重75~12.5千克。通常雌鸟大于雄鸟。

体羽 主要为灰、棕、黑和白色。雏鸟羽色有别于成鸟。两性成鸟略有区别，少数种差异明显。喙长，具钩；爪弯，一般呈黑色；腿、脚、喙基的肉质蜡膜常为黄色，有时呈橙、红、绿或蓝色。虹膜一般为深褐色，有些种类为米、黄或红色，极少情况下为灰或蓝色。

鸣声 各种啸声、喵喵声、呱呱声、吠声，通常很尖。大部分种除繁殖前一般较为安静，但一些林栖种类很嘈杂。

巢 树枝所搭的平台，常衬以绿叶，一般筑于树杈或岩崖。

卵 窝卵数1~7枚；颜色为白或浅绿色，常有褐色或紫色斑纹。孵化期28~60天，雏鸟离巢期24~148天。

食物 所有种类都喜食新鲜的肉，捕杀活的动物。部分种类食腐肉，兀鹫为代表。多数种类会捕获从蚯蚓到脊椎动物的各种动物。但少数特化为专食螺、胡蜂、蝙蝠、鱼、鸟、鼠，甚至油棕的果实。

真正意义上的雕类以腿部覆羽而有别于其他的雕，共有9属33种。其中体型最大、也最为人熟知的便是雕属的雕，包括北半球的金雕和澳大利亚的楔尾雕。大部分在食哺乳动物和部分鸟类之外还会食一些腐肉。但所有这些"穿羽靴"的雕都以捕食活猎物为主，并且有许多种类如鹰雕系列是非常活跃的食鸟类，在森林或林地的树阴层飞翔捕猎。少数为特化种，如亚洲的林雕展翅翱翔在森林上空专门搜索鸟巢，非洲的黑雕则在凸出地表的岩石中间寻捕蹄兔。很多雕类一窝产2枚卵，但先孵化的雏鸟通常会攻击并杀死后出生的雏鸟，一如《圣经》里该隐杀死其弟亚伯的故事。残杀手足的现象在其他一些食肉鸟中也有发生，表现为本能行为或通过食物争夺来实现，然而其起源及优点所在仍有待研究。

鸢和蜂鹰类包括15属29种，具有某些极端的特化形式。鹃头蜂鹰专门用它的直爪挖掘胡蜂的幼虫，而为了避免被蜇，其脸部长有羽毛。食蝠鸢喜欢在黄昏时用翅膀捕捉蝙蝠，然后通过它异常大的咽喉一口吞下。黑翅

↗ 凤头鹃隼为热带种类,见于新几内亚、所罗门群岛以及澳大利亚的部分地区,通常以昆虫为食,包括毛虫和蝗虫等,偶尔也会捕食小型爬行类和蛙。

鸢像隼一样盘旋寻觅啮齿动物,用强健的腿脚将其击晕而捕获。食螺鸢和黑臀食螺鸢用它们具钩的长长喙尖从螺壳里啄出螺肉。而黑鸢和栗鸢则在非洲、印度和亚洲其他地方的乡村和小镇上四处觅食(腐肉),因而成为最常见、最适应各种条件的猛禽。

兀鹫类(9属15种)特化为食腐,虽然食腐的方式多种多样。达尔文形容它们"沉湎于糜烂"。多数为大型鸟类,头和颈裸露或覆以绒毛,翅宽,用于翱翔寻找尸体残骸。有些种类的喙粗壮,用以撕碎肉、皮肤和肌腱,有些喙精巧,善于从骨骼缝隙间将少量的肉等啄出来。其他的则为特化种。白兀鹫是极少数会使用工具的鸟之一,会将其他鸟的卵摔到地上摔碎或者扔下石块将卵砸碎;胡兀鹫会将骨头扔到岩石上摔碎,然后用勺子状的舌头舔食骨髓;而棕榈鹫摄取的非洲油棕榈的果实比腐肉还多。

海雕和鱼雕类(2属10种),也食大量腐肉,不过它们的主食是鱼和水禽,这与它们的亲缘种叉尾鸢一样,只是后者体型较小,且为杂食鸟。最声名显赫的海雕便是作为美国国徽标志之一的白头海雕,这种鸟的数量曾一度大量减少,不过如今已得到恢复。相比之下,灰头鱼雕就没有这么幸运,栖息于亚洲一部分河流流域的它们在不断减少。而马岛海雕有可能是目前世界上最稀少的猛禽。

蛇雕和短趾雕类（5属16种）为大型猛禽，善于用它们的短趾和有大量鳞片的腿来捕杀蛇。它们头很大，像猫头鹰，再加上眼睛为黄色，因此很容易识别。它们像兀鹫一样一窝只产1枚卵，但与兀鹫不同的是，它们捕食活的猎物，衔在嘴中回到巢里吐出来，短趾雕便是如此。大部分栖息于森林或茂密的林地中，如刚果蛇雕和珍稀的马岛蛇雕，后者在绝迹半个多世纪后直到1988年才重新出现。

色彩鲜艳的短尾雕，虽然与蛇雕有明显的亲缘关系，但是有其独特的弓形翅和极短的尾，使之得以在非洲大草原上游刃有余地低空滑翔，寻觅尸体腐肉和活的小型猎物。而非洲鬣鹰和马岛鬣鹰很可能与蛇雕的亲缘关系更近。它们具有细长的腿和与众不同的双关节"膝"，从而能够从树洞和岩脊洞中拖出小型动物。同时，它们瘦小、光秃的脸便于它们慢节奏地滑翔、灵活地穿过林地的植被，从缝隙或叶簇中觅得食物。

南美的鹤鹰在形态和习性方面与鬣鹰如出一辙，但鹤鹰很可能属于另一个群体鹞类（3属16种），因此这无疑是通过趋同进化实现生物相似性的绝佳例子。鹞类是一群相当统一的鹰，中小体型，尾长，翅宽，在草地

上空（如乌灰鹞）和沼泽上空（白头鹞）缓慢地低空觅食。主要捕食小型动物和鸟类，另外也捕食某些爬行类和昆虫。它们的脸像猫头鹰，耳大，对藏于茂密植被中的猎物发出的声响非常敏感。绝大部分鹞营巢于深草丛中的地面或芦苇荡的水面上，但澳大利亚的斑鹞例外，它营巢于树上，通常远离水域。

大多数热带猛禽为定栖性，生活在永久性的领域内。而在温带地区，由于气候更带有季节性和不可预测性，绝大部分种类都会进行某种形式的迁徙，在繁殖地和非繁殖地之间做距离不一的迁移。最长的迁徙为每年飞行约2万千米，由那些定期在东欧和非洲南部之间（如普通鵟）或北美和南美两端之间（如斯氏鵟）往返的猛禽完成。

● 成对、成群

大部分鹰科猛禽1年内只有一个配偶，有些数年内保持同一个配偶，而少数大型的雕甚至被传称配偶为"终身伴侣"，但这尚未得到证实。一雄多雌制，即1只雄鸟在同一段时期内与1只以上的雌鸟进行繁殖，在鹞类中比较常见。而一雌多雄制，即1只雌鸟与多只雄鸟进行繁殖，则在中美洲的沙漠种类栗翅鹰中很常见。这2种繁殖机制偶尔也见于其他种类中。

鹰科的所有成员都筑有自己的巢，巢材为树枝和茎，常常衬以新鲜植被，一般筑于树上和岩崖上，有时营于地面或芦苇荡中。不同种类之间不时会互换巢址。而隼和猫头鹰则不自己筑巢，经常占用鹰的弃巢。

大多数猛禽在繁殖期有非常明确的分工。雄鸟负责外出觅食，雌鸟留守巢周围，负责孵卵和看雏。这一模式会一直保持到雏鸟发育过半，然后雌鸟也开始离开巢址，协助雄鸟捕猎。与其他大部分营巢鸟类的后代不同的是，猛禽类的雏鸟一孵出来便覆有绒羽，并且眼睛睁开，喂食时它们会很配合地迎上前来吞下食物。

在多数猛禽中，雌鸟最初会将猎物的肉撕成碎片，之后由雏鸟从它的嘴里啄取，但雏鸟在会飞前便须学会自己撕碎猎物。在兀鹫类和一些鸢类中，亲鸟履行职责更为平等，它们轮流营巢，自己的食物自己解决，并带一部分回巢吐喂给雏鸟。

猛禽在栖息地内给自己安排空间的方式各不相同，很大程度上取决于食物的分布情况。存在3种主要的机制。第一种是配偶划定它们的巢域，每对配偶维护巢边上外加周围一定面积的区域。约有3/4的猛禽采用这种模式，包括最大的群体鹰类、鸢类和雕类中的部分种类。无论猎食区或巢址

↗ 西域兀鹫是少数几种在岩崖或洞穴群体营巢栖息的猛禽之一。

为专属还是发生重叠，在栖息地内不同配偶的巢之间往往间隔相当大，小型的猛禽为将近200米，大型猛禽则可达30千米以上。以这种方式来安排空间的种类成员通常为单独猎食和栖息，捕食活的脊椎动物，每年在数量和分布上体现出相当的稳定性。

第二种机制是一些配偶成群聚集在一起，在空间有限的地点"邻里"营巢，外出去周围地区觅食。这一机制在诸如黑鸢、赤鸢、黑翅鸢和纹翅鸢以及蝗鹭鹰、白头鹞、白尾鹞和乌灰鹞身上体现得非常明显。不同的配偶会在不同的时间或朝不同的方向捕猎，或数对配偶在同一区域内各自独立觅食，或是在不同的区域内进行轮换捕食。

繁殖群一般由10~20对配偶组成，巢之间的间隔为70~200米。有时也会发现规模更大的繁殖群。在鹞类中，群居营巢倾向有时因一雄多雌制而得到进一步强化，因为每只雄鸟会有2只或更多的雌鸟将巢筑在一起。

在合适的营巢栖息地不足时，群居营巢对于鹞类和鸢类而言往往都是十分必要的。因此，即使它们会普遍采取巢掩盖措施，但群居的习性还是显而易见的。这样的种类常常只能零星地获得丰富的食物来源，如局部的蝗虫或啮齿动物泛滥成灾。这也使得它们在某种程度上具有移栖性，结果每年在局部地区的数量可能会出现很大的波动。鸢和鹞在非繁殖期也经常成群栖息，其中鸢一起栖于树上，鹞栖于芦苇荡或深草丛中，不过每只鸟均各自拥有一块站立的平台。白天，它们分散在周围地区捕猎，晚上则数十只鸟聚在一起栖息。

在非洲的一些地方，偶尔会有几个不同种类的数百只鸢和鹞栖息在一起。同一个栖息地每年都会被使用，但栖息的鸟类数量会差别很大。

第三种机制是配偶在密集的繁殖群中营巢，并群体觅食。这种机制见于食螺或食昆虫的小型鸢类，包括食螺鸢、燕尾鸢、娇鸢和灰鸢，但也出现在兀鹫属的大型种类中。在这些种类中，配偶营巢间隔非常近，通常不足20米，并且聚集成大的群体。一个群体一般至少有二三十对配偶，食螺鸢群体有时不止100对，而一些大型兀鹫则会超过250对。

同时，这些种类还集体觅食，一般成分散的群体。兀鹫则是在空中分散飞行，然后聚集到有尸体腐肉的地方。觅食群体在规模大小和组成成员方面都不固定，而是随着个体的加入或离开不断变化。它们的食物来源很明显比较集中，但时间和地点难以预测，可能某一天在某一个地方会觅得大量的食物，而改天换个地方就截然不同了。另外，这些种类始终栖息在一起，非繁殖期会形成规模更大的群体组织。

无论分散还是集中，绝大部分猛禽都会选择一个特定的地方来营巢。可以是一处悬崖、一棵孤立的树、一片小树林，也可以是一片森林等。所筑巢很多都会长期使用，如一些金雕或白尾雕相继在某些特定的悬崖营巢已至少有一个世纪。一些雕类的巢，则会年年"添砖加瓦"，变得越来越大。如一个历史上著名的美国白头海雕的巢，面积达8平方米，巢材可以装满两辆货车；另一个在南非的黑雕巢则高达4米。而即使是一块地被植物，白尾鹞也可以营巢数十年。群居的猛禽倾向于年复一年地在同一个地区营巢，如在非洲南部，许多悬崖（至今仍在为南非兀鹫所用）从人们给它们取的名字中就可以看出之前数个世纪一直是南非兀鹫在那里营巢。和其他群居繁殖的鸟类一样，猛禽的每对配偶也只维护巢周围的一小块区域，因此只要有足够的岩面，许多配偶都会拥挤在同一个悬崖，而不会去其他同样合适的空悬崖。总体而言，筑在岩石上的巢比树上的巢更长久，筑于树上的巢则比草被上的巢更长久。

● 无处安巢

体型对繁殖的走向似乎会产生巨大影响。种类的体型越大，开始繁殖的年龄越晚，繁殖周期越长，则每次繁殖产下的后代越少。而猛禽类由于对巢的特殊要求，是极少数繁殖数量和成功率受限于巢址落实情况的几种鸟类之一。如在悬崖筑巢的猛禽类，它们的繁殖密度受限于合适岩面的数量，而它们的繁殖成功率取决于掠食者接近这些岩面的难易程度。在开阔地的猛禽则受限于树木的短缺，尤其是在大的草原和草地，常常有充足的食物，却鲜有树木。而即使在林地，适于安巢的地方也远比想象中的少。据一位生物学家得出的结论：在芬兰，方圆数百平方千米的成熟森林中，平均每1000棵树中适合白尾雕营巢的连一棵都不到；而在未成熟的森林中，适于营巢的树木更是稀少，甚至完全不存在。不过，从积极的方面来看，这一事实也意味着提供人工的巢址（如树上、建筑物上、采石场、铁塔上的平台）可以用来提高食肉鸟的繁殖密度。

在巢址供大于求的地区，猛禽的数量则取决于食物的供应。食物多样化的种类往往拥有相当稳定的食物供应，即使在某个具体的区域，繁殖数量也保持相对稳定，数年间平均的起伏幅度不超过10%~15%。在不受人类负面影响的地区，像金雕和猛雕这样的鸟类则成为数量长期保持稳定的范例，虽然因局部食物供应情况会使区域间的繁殖密度产生较大差异。

相反，如果依赖于捕食具有季节性波动的猎物，那么这样的猛禽类其繁殖密度每年都会不一样，或多或少地随猎物的波动情况而起伏。典型例子便是以啮齿动物如旅鼠为食的白尾鹞和毛脚鵟以及以野兔和松鸡为食的苍鹰。啮齿动物的数量每隔3~4年达到一次高峰，它们的掠食者也是一样；而野兔和松鸡的循环周期为7~10年，它们的掠食者亦是如此。其中苍鹰的情况尤其具有指导意义，因为它们在猎物（如野兔）供应稳定的地区繁殖数量就稳定，在猎物供应有波动的地区就同样跟着起伏。

总体来说，较之于捕食大型、稀少猎物的大型猛禽类而言，小型猛禽类捕食的猎物较小但数量多，因此它们的繁殖密度相对较高。一只小型的非洲鹰捕猎的范围为1~2平方千米，一只普通为1~5平方千米，而一只大型的雕捕猎的范围远大于此。猛雕，非洲最大的雕，以小羚羊、巨蜥和猎禽类为食，平均每125~300平方千米才出现1对，巢址间的距离为30~40千米，成为世界上分布最稀的鸟类之一。不过，大型的食鱼猛禽则例外，它们在鱼类集中的地区呈高密度分布。而大型的群居性猛禽，如大型兀鹫，在群居地数量众多，但倘若考虑到它们极

↗ 红尾的雏鸟孵化后，雌鸟会育雏1周。之后亲鸟双双外出捕猎以带给这些大食量的雏鸟足够的食物。雏鸟在会飞后继续留在亲鸟身边6~7个月，直到学会独立觅食。

为广阔的觅食区域，实际上它们的整体密度也非常低。

● 身处险境的顶级掠食者

既然食肉鸟捕食其他动物，那么不管体型如何，它们存在的密度就必然低于构成它们猎物的鸟类和其他动物的密度。而它们在局部食物链中处于最顶端的位置也给它们带来了多方面的负面效应，这通常为人类活动的结果。首先，一旦栖息地出现任何恶化现象，如自然地被用以农业耕作或森林遭毁坏等，那么猛禽类受到的影响最直接、最广泛。其次，当猛禽类将猎禽、家禽、牲畜作为它们的猎物时，势必会与人类产生冲突，而这种竞争的结果往往是它们遭到直接的迫害，或被枪击，或落入陷阱，或被下毒。再次，也是最难以察觉的，它们因捕食猎物而在体内不断积累起有毒化学物质，如汞、DDT（二氯二苯三氯乙烷）、PCBs）多氯联苯）、狄氏剂等，通常源于农业杀虫剂或工业污水，结果很容易被感染以至中毒，如

↗ 在17世纪的头10年里，白头海雕在北美很常见，约有50万只翱翔在北美大陆的海岸线上。然而，到了20世纪60年代，这种雄健的美国国鸟已几近灭绝，原因是人类的迫害和杀虫剂中毒，尤其是DDT。不过，在经过20年的法律保护和摄取无杀虫剂的食物后（DDT于1972年被禁用），从1995年开始，该鸟的数量开始显著回升。如今，仅在加拿大和阿拉斯加就活跃着约10万只白头海雕，从而使这种鸟暂时脱离了险境。

北美的白头海雕便是例子。

因此，世界范围内近25%（234种中有58种）的鹰科种类被世界自然保护联盟列为受胁种也就不足为奇。其中有8种极危种，包括菲律宾雕、马岛海雕、马岛蛇雕、白领美洲鸢等。而在局部地区，形势更严峻，许多其他的猛禽种类数量也在大幅减少甚至绝迹，虽然在现阶段这些种类的总体数量还尚未出现危机。

栖息地遭破坏已经成为导致猛禽类和其他野生生物数量下降的主要原因。从长远来看，人口的持续增长、经济发展和人类社会的强盛，仍是它们的最大威胁。不管存在其他何种不利影响，栖息地对任何野生生物的数量、规模和分布范围都具有最终的决定作用。生活在特殊的或受限的栖息地的种类最容易受到影响，因为栖息地的总面积及其能承受的最大野生生物的数量都非常有限。大量栖息于森林、沼泽和岛屿的种类在全球范围内普遍受到威胁，原因便在于此。

由于一个地区对猛禽的承载能力有时依赖于巢址的获得情况，因此如上面提及的，通过人工增加巢址可以在一定程度上弥补不足。而倘若通过增加食物供应来提高一个地区的承载能力则要困难得多，因为刺激猎物数量的增长通常需要对土地使用模式进行改变。于是，最可行的办法往往是维护现有的优质栖息地，或至少防止其进一步恶化。在北美、非洲、亚洲和澳大利亚，一些大型的国家公园为猛禽类提供了绝佳的栖息地，使它们可以保持很高的数量。在人口众多的国家，通过这种方式得以保留下来的地区，大部分面积都太小而无法支持大量鸟类的生存，尤其是那些需要大片栖息地才能维持生存的大型种类。不过，如今在各个地方，人们都日益认识到减少对人类居住地周围的野生生物栖息地施以人为影响的重要性。

现在，人类对猛禽的直接迫害已不如过去那样严重，至少在北半球国家，对动物的仁慈道义已演变为保护性的立法。这些立法在世界各地各不相同，在不同的国家获得的成功程度也各异。通常，在发达国家效果最明显，如欧盟地区、美国、加拿大、日本和澳大利亚。对立法的态度也不一，有尊重，也有漠视，尤其在欠发达国家。并且，由于鸟类的保护很难进行监督，所以在法律的效力和执行之间仍存在相当大的漏洞。

关于化学污染的威胁，从长期而言，唯一的解决办法便是减少生物杀灭剂的使用，从而使其在环境中的浓度降低。在许多北半球发达国家，人们通过用毒性小、药性持续时间短的新型化学制剂来代替以前的那种杀灭剂，然而新型制剂更昂贵，廉价而危险的化学产品仍在制造,并广泛在欠发达国家中使用。结果不仅威胁到当地的种类,也威胁到迁徙至那里的猛禽。

在生物杀灭剂的使用导致环境水平开始下降后,人们采取了多种不同的措施来进行弥补。有数个种类被人工饲养繁殖,以重新放回野外。目前,这方面的工程包括:法国将人工饲养的西域兀鹫重新放回野外,瑞士将人工饲养的胡兀鹫放生回阿尔卑斯山(在这项方案实施了16年后,如今有70只胡兀鹫飞翔在阿尔卑斯山上空),美国纽约州将人工饲养的白头海雕放回野外,另外还有菲律宾的菲律宾雕和南非的白兀鹫。其他放回野外的计划还牵涉到将雏鸟从一个地区转移至另一个地区,如眼下在苏格兰重建白尾雕野生种群的行动便是如此。在英格兰和威尔士,人们从西班牙等赤鸢较为常见的国家引入赤鸢,然后将人工繁殖的个体放生到多林地带。

当某个种类在原本适宜的栖息地因人类活动而遭灭顶之灾时,人工繁殖然后放回野生界是唯一的选择。许多大型猛禽的种群极为分散,要使这些种类通过自然的方式重新连接起一块块孤立的栖息地基本上不可能,至少在可预见的将来不会实现。但人工繁殖然后放生的计划实施起来不仅难度大,而且成本高,因此,保护食肉鸟最经济有效的办法就是尽可能保护更多优质的栖息地,并将其他一切负面因素降至最低。

↘东南亚的虎头海雕是世界上最大的雕之一,体重6~9千克,翼展可达2.5米,这使该鸟能够携重型猎物如大鲑鱼和水禽类等飞行。

松 鸡 ——一年两套不同色系的"服装"

> 松鸡生活在苦寒的高纬度地区,为了能填饱肚子,它们啥都吃。即便是几乎没营养而且味道怪异的针叶,它们也不得不大量食入。冬天的时候,它们栖息在雪洞中,抵御严寒。雷鸟属的小型松鸡,冬夏两季会有不同的体羽,冬天,为了更好地保护自己,它会换上白色的"羽绒服"。这样,雪天里,它就能轻易地迷惑捕食者,为生存赢得更多的机会。

松鸡为典型的北半球鸟类。它们的进化起源地被认为是在北半球高纬度地区,而如今它们的分布也集中于北温带北部森林区海拔高度为1 500~2 200米落叶松、云杉、红松和冷杉的针叶林带及北极苔原,在那里,松鸡是脊椎动物生物链的重要生态组成部分。它们数量多、体型大,因此是猞猁、貂、狐狸、猛禽等食肉类动物的一大食物来源。人类同样视松鸡为美味佳肴。每年有成百上千万只松鸡被捕杀,供人们享用或娱乐。在许多北方文化中,对松鸡的捕猎是当地居民生活中的一件大事,而松鸡本身则是不少地区性民间传说中的主角。松鸡科中黑琴鸡的尾羽在苏格兰用以装饰男子的无边圆帽,在阿尔卑斯山地区也出现在村民的帽子上。在阿尔卑斯山地区,人们还在传统的民间舞蹈中对在展姿场炫耀的黑琴鸡进行模仿;而一些美洲土著民族也会模仿草原松鸡的炫耀行为。

● 冰天雪地中生存

在外形上,松鸡科具有鸡形目的典型特征,与鸡和鹧鸪相似。在体型大小上,它们介于鸽和雁之间。最小的种类为白尾雷鸟,重约300克。最大者为雄性松鸡,重达6.5千克。松鸡科与其他鸡形目鸟的区别主要在于它们足部覆羽、鼻孔独特以及不长距。此外,它们的趾也被羽,或在冬季沿两侧长有细小的鳞片,利于它们在雪地中行走和挖穴。

松鸡类对寒冷的气候和冰天雪地的冬季体现出多种形态上、生理上和行为上的适应性,从而能够在季节差异巨大的环境中生存下来。它们栖息于雪洞中,可以抵御严寒;以低能量但数量丰富的冬季食物为食;有大的嗉囊和砂囊,可用以储存大量的食物;摄入砂粒,以帮助研磨食物;肠长,且盲肠发达,使之能够在共生细菌的协助下消化纤维素。

有些种类特别是多配制的种类,两性相异。雄鸟的体羽更醒目,体重可以达到雌鸟的2倍;雌鸟则较小,体羽成保护色,具伪装性。此外,雄鸟在眼上方有亮丽的栉,呈黄色至红色。一些种类的雄鸟在颈部还有色彩鲜艳、不覆羽的皮肤块斑,在求偶时可膨胀。在单配制种类中,区别就没有这么明显,两性基本相似。体羽季节性变化明显的只有雷鸟类,冬季体羽为白色,不过,柳雷鸟在英国的亚种例外,冬季不覆白色体羽。

松鸡科雏鸟出生时覆浓密的黄褐色绒毛。孵化后不久便开始长出幼鸟体羽,并迅速长出翼羽,这使得雏鸟在出生第2周就能进行短距离的飞行。松鸡科主要生活于地面,只有在受惊扰时才会扑腾翅膀从遮蔽物中冲出,做长距离的滑翔。

● **多见于北方**

松鸡科遍布北半球的温带、北温带北部森林和北极生物区,生活于北部古北区的多种自然栖息地。一般而言,每个种类适应一种或几种植被类型,但也有些种类适应多种栖息地。

松鸡的代表种类

1.艾草松鸡的雄鸟在展姿场(共同求偶地)炫耀,后面背景为雌鸟;2.草原松鸡曾一度分布于美国大西洋沿岸至怀俄明州的广大地区,如今其分布范围已大大缩小;3.尖尾松鸡在炫耀尖尖的尾巴,它的名字即由此而来;4.枞树镰翅鸡,冬季主要依靠食针叶树的针叶维持生存;5.岩雷鸟夏季的体羽为深色;6.柳雷鸟脱去白色的冬装,换上铁锈色的夏装,翅和腹则仍为白色;7a.一只雄松鸡在展姿场鸣叫;7b.色彩偏暗的雌松鸡摆出邀请雄鸟交配的姿势。

针对处于不同生态发展阶段、位于不同高度和纬度的栖息地,它们体现出相应的适应性,如有特化为栖息于高山和北极苔原的(雷鸟属),有特化为居于北美大草原开阔草地上的(艾草松鸡属和草原松鸡属),也有适应多种类型和生态发展阶段的森林,从新种植的林地到茂盛的落叶林,再到年深日久的开阔针叶林,不一而足。在许多地区,会有数个松鸡科种类同域分布,即共享同一片栖息地,或至少共同使用重叠区域。在某些同域分布的种类中,杂交很常见,但一般繁殖率低下。

和其栖息地分布广泛一样,大量的松鸡科种类广布于各个分布区。整个科的分布范围跨越55个纬度,北起格陵兰岛北部(岩雷鸟),南至墨西哥湾(草原松鸡)。其中,柳雷鸟分布范围最广,见于从北纬76°至北纬47°之间的欧亚大陆及北美的亚北极和亚高地苔原。而岩雷鸟的分布纬度跨度最大,最北至格陵兰岛北部北纬83°的北极地区,最南至北纬38°塔吉克斯坦的帕米尔山脉以及北纬49°的洛基山脉。大部分林栖性种类分布范围相似,主要为欧亚大陆和北美的大部分北温带北部森林区和温带森林。而草原松鸡最初的分布

范围相当有限，这也反映了北美草地的自然扩张。

几个分布有限的种类很可能是在地理分裂过程中进化而来的。如栖息于黑海和里海之间高加索山脉的高加索黑琴鸡与黑琴鸡仅相隔数百千米，中国中部的斑尾榛鸡与它的姊妹种花尾榛鸡的分布区也不过相隔了1 000千米。俄罗斯远东地区的镰翅鸡与和它亲缘关系最密切的枞树镰翅鸡之间仅有白令海峡相隔。美国犹他州和科罗拉多州南部的小艾草松鸡直至最近才被承认为一个独立的种，它很有可能就是通过地理分裂从艾草松鸡演变而来的。

松鸡科大部分种类为留鸟，一年四季居于它们的繁殖区域内。但所有的种类都会在夏季和冬季的栖息地之间进行某种程度的迁移，既有局部的栖息地转移或海拔高度变化，也有长途迁徙。一些林栖性种类，如枞树镰翅鸡和松鸡，夏季和冬季的栖息地会不定向地移动1~15千米左右。而在其他一些种类中，这种移动则具有定向性，与该种类栖息地和食物供应的季节性变化有关。在北极，许多雷鸟种群做局部迁徙；在山区，它们则会在夏季前往高海拔栖息地、冬季转至低海拔地区。而蓝镰翅鸡恰恰相反，繁殖在低处，过冬在高处。一些草原松

↗ 雷鸟属的3个种类为居于北方的小型松鸡类，冬夏具不同的体羽。图中的这只白尾雷鸟正处于脱去夏羽换上一身洁白冬装的过程中。

鸡的种群会做数千米至100千米的短途迁徙。季节性迁徙现象最明显的是北极高纬度地区的种类,因为那里季节性变化最大,岩雷鸟和柳雷鸟每到冬季就会离开繁殖区南下到数百千米外的地区越冬。

● **充分利用短缺食物资源**

松鸡科的食物具有明显的季节性变化。在它们的大部分分布区内,冬季都是冰天雪地,食物普遍短缺,它们便最大限度地利用可获得的食物来源。多数种类依靠低营养但大量可得的冬季食物来维持生存。这一点在松鸡、枞树镰翅鸡、镰翅鸡和蓝镰翅鸡身上体现得淋漓尽致。它们几乎仅靠一两种针叶树的针叶度过漫长的冬天。虽然针叶在它们所栖息的北温带北部森林区和山地森林中随处可见,但其给鸟提供的能量极少,因而它们不得不大量摄入。而针叶中所含的油脂对其他动物而言不仅味道难闻,而且还会中毒。

其他的松鸡科种类则相对觅食较多的过冬食物源,主要有柳树、桦树等落叶树的芽、细枝、柳絮之类,如有可能,也会摄取部分欧石楠灌木、苔藓、草、草本植物等。对部分草原松鸡的种群而言,橡树果是常见的过冬食物,此外,它们也会在耕地寻觅大豆和玉米等农作物。而对有些种类来说,要获得过冬食物,必须进行局部的栖息地转移,甚至做短途或长途

知识档案

松 鸡
目 鸡形目
科 松鸡科
7属18种:黑嘴松鸡、黑琴鸡、松鸡、高加索黑琴鸡、蓝镰翅鸡、枞树镰翅鸡、斑尾榛鸡、花尾榛鸡、披肩榛鸡、草原松鸡、小草原松鸡、尖尾松鸡、小艾草松鸡、艾草松鸡、岩雷鸟、白尾雷鸟、柳雷鸟、镰翅鸡等。

分布 北美、北亚和欧洲。

栖息地 森林、草原、苔原和丛林。

体型 体长31~95厘米,体重0.3~6.5千克。在一些种类中,两性在着色和体型上差异明显(雄松鸡的体重可为雌性的2倍)。

体羽 雄鸟大部分为黑色或褐色,带白色斑纹,冠呈红色至黄色。雌鸟为褐色,带黑白斑纹。雷鸟冬季全白。此外,各种类翅短而圆,尾有多种形状,通常较大。

鸣声 多种声音,如嘟嘟声、嘶嘶声、咯咯声、咔哒声和口哨声等。此外,翅膀还会发出摩挲声和振翅声。

巢 地面一简易浅坑。

卵 窝卵数通常为5~12枚;白色至浅褐色,带深色斑点;重19~55克。孵化期21~28天,由雌鸟孵化。

食物 成鸟食叶、针叶、芽、细枝、花、果实和种子,雏鸟主要食无脊椎动物。

↗ 一只换上夏装的柳雷鸟

柳雷鸟是松鸡科中分布最北的种类之一,其中的环北极分布区包括加拿大北部、阿拉斯加北部和欧亚大陆北部。

的季节性迁移。

在没有积雪的季节里,所有的松鸡种类基本上都为食草类,有选择性地大量摄入多种植物。因为随着春季雪化,食物开始多样化,可以不同程度地获取地面和灌木层的叶、芽、花和果实。常见的夏季食物对象有欧石楠灌木、各种草本植物及草,也包括柳树、桦树等树木。各种类中,雏鸟刚孵化时均食无脊椎动物,随着年龄增长,逐渐转为植物性食物。成鸟偶尔也食动物性食物,但数量只占所消化的食物量的百分之几。

● 精彩的炫耀

在松鸡科的繁殖机制中,既有单配制的配偶关系,也有多配制的"展姿场"形式——数只至数十只雄鸟聚集在固定的炫耀地求偶。5个草原种类(草原松鸡、小草原松鸡、尖尾松鸡、小艾草松鸡和艾草松鸡)和2个栖息于森林边缘带的种类(黑琴鸡和高加索黑琴鸡)形成的展姿场中各雄鸟的领域很小,面积约为0.01公顷,一般只用于炫耀。在林栖性种类中,松鸡和黑嘴松鸡形成的展姿场,雄鸟拥有更大的永久性领域,其中松鸡的可达10~100公顷。而其他的林栖性种类中,有4种(披肩榛鸡、镰翅鸡、蓝镰翅鸡和枞树镰翅鸡)的展姿场面积中等,雄鸟的领域相对更为分散,而另有2种主要为单配制(斑尾榛鸡和花尾榛鸡)。3个苔原种类(雷鸟属)则基本上为单配制。

春季,雪化之际,通常在每天的清晨和黄昏,雄鸟们开始竞争求偶。它们发出一系列的声音,诸如嘟嘟声、嘶嘶声、咯咯声、咔哒声和口哨声等。同时伴以颈部、尾部、翼羽和颈部鲜艳气囊的炫耀。此外,还会进行扇翅或鼓翅炫耀飞行,尾部做拍打动作,以及偶尔的争斗等。交配、求偶炫耀和大部分的普通炫耀都发生在地面上。雌鸟在选定配偶前会光顾数只雄鸟。而在建立展姿场的种类中,多数雌鸟都与同一只主雄鸟交配。

松鸡科在地面单独营巢,只有雌鸟孵卵。巢为一简单的浅坑,稀疏地衬以从巢边上获得的植被,不过通常很隐蔽。每年产1窝卵,但倘若卵丢失,则可能会补育。雌鸟在交配后1周内开始产卵,每隔一两天产下1枚。松鸡类的卵与家鸡的蛋外形相似,颜色为白色中略带黄色,并有少量褐斑。窝卵数为5~12枚,依种类而不同。孵化期21~28天,从最后1枚或倒数第2枚卵产下后开始孵。

在柳雷鸟中,双亲共同陪伴和保护雏鸟。而在其他所有种类中,这完全成了雌鸟的任务。雏鸟孵化后很快离巢。在刚开始数周内,雏鸟需要摄入高能食物,因而无脊椎动物构成它

↘ 为了吸引异性,一只雄黑琴鸡在炫耀:展开尾巴,竖起眼上方的红色肉垂,半张翅膀。这种鸟见于欧亚大陆北部,其"展姿场"(共同求偶炫耀的场地)很出名。

们食物中的主要组成部分。它们留在雌鸟身边直至秋季，因为到那时，绝大多数种类的雏鸟已基本达到成鸟的体重。不过，松鸡的雄雏需要到第2年体重才能长满。所有种类的雏鸟1岁时便达到性成熟，当然它们不一定会在那时进行繁殖。

在非繁殖期，松鸡科的群居性各不相同。总体而言，栖息地越开阔，种类的群居性越明显。森林种类往往为独居性，但并不相互回避，秋冬季节也会成群活动。草原种类一般群居性较强，而苔原种类冬季也可形成规模达上百只的群体。

松鸡科一窝可产许多枚卵，因此，它们的生殖潜力可谓巨大。然而，不同的年份雏鸟的成活率却相差很大。天气恶劣、天敌威胁严重的年份，多数雏鸟都会死亡。而其他年份，则会有许多新生力量加入到次年的繁殖大军中去。因此，由于环境的不确定因素，松鸡科的数量每年波动很大。

● 呼唤栖息地管理

也许是由于分布广泛或者栖息地偏远，松鸡科的保护状况显得不如其他鸡形目鸟类那般迫切。全球范围内，18个种类中仅小艾草松鸡一种濒危。然而，斑尾榛鸡和镰翅鸡已被列为近危，高加索黑琴鸡也面临威胁。另外，至少有2个亚种，即草原松鸡的亚种和松鸡在西班牙坎塔布连山脉的亚种，根据世界自然保护联盟的标准，也已符合全球性受胁种类的要求。还有许多种群在国家和地区一级上被列入了红色名录。

很多种类在20世纪数量下降，分布范围缩小。而草原种类在这之前便因农耕和城市开发丧失了诸多原始的分布区。在人口密集的地区，松鸡数量的下降尤为突出。如在中欧和北美东部的大片地区，已看不到松鸡的身影。因人为占地而导致栖息地的丧失和分解则仍是最主要的威胁。在林栖性种类中，由于栖息地遭大肆砍伐，其数量正大范围急剧下降。相比之下，苔原种类因栖息地偏远，仍占据着大部分原始的分布区，数量相对稳定。

稳定的数量最有可能见于拥有自然或半自然植被的大片栖息地中。因此栖息地管理在北美的披肩榛鸡和英国的柳雷鸟亚种等猎禽中较为常见，有助于保持乃至提高它们的数量。并且，松鸡科对人类具有很强的吸引力，它们可以在促进生态系统多样性中充当旗舰性鸟类。

秧 鸡 最不可思议的鸟

> 秧鸡科是最矛盾的一类。说它是"鸡"吧，它们大部分不会飞，少数会飞的，也只能低空飞行，但却能做超出它们飞行能力的长途迁徙。更不可思议的是，它们都会游泳，但只有骨顶类才真正地水栖。

秧鸡为分布最广的鸟类之一。除南极大陆之外的世界各大洲和绝大部分海岛上，几乎所有雪线以下各种类型的栖息地（沙漠除外）都有它们的身影。然而，它们却钟情于茂密的植被，这也就意味着对于其大部分种类我们知之甚少。它们行踪神秘，因而有大量的新种类有待于进一步发现。然而，它们易于遭到外来食肉类动物的攻击，这使得大量种类正接近灭绝的边缘，或者业已灭绝。秧鸡科大致可分成3类（非分类学上的分类），但3类之间的关系非常密切，不可能分为亚科或族。秧鸡类具细长喙，善于在沼泽草地上和灌木丛下跑动；田鸡和水鸡类习性与秧鸡类相近，但喙更短，圆锥形更明显；第3类为基本水栖的骨顶类，大部分时候生活在开阔水域中。

● 沼泽地"机会主义者"

秧鸡类为秧鸡科中的大群，其典型特征是身体短小紧凑，翅短而圆。大多数秧鸡类飞行能力较差，有些甚至完全丧失了飞行能力。但似乎矛盾的是，许多种类却会进行长途迁徙。虽然整个秧鸡科从距今8000万年~5000万年前进化而来，但鲜有化石存在。最初，它们生活在潮湿的非洲森

↗ 一只普通秧鸡跳起来捕食——从水面跃起1米来啄一只蜻蜓。这种鸟通常深居沼泽地中，极少现身，很难被发现。

林中，相对未特化的身体结构使它们得以遍布世界各地的各类栖息地。绝大部分秧鸡类为机会主义进食者，往往有什么吃什么，诸如各种各样的植物性食物（包括某些农作物）、无脊椎动物、小型两栖类、鱼、鸟及卵、腐肉，以及许多人工食物（如狗食、巧克力）等。大部分种类嗅觉灵敏。秧鸡类的另一大特征是喙偏长，略下弯。这是"通化种"所拥有的工具，可以用来在泥土中或水中搜索食物、寻找蠕虫（如弗吉尼亚秧鸡）、用力啄碎蛋壳、咬断蝗虫，甚至偶尔可用来捕杀青蛙或幼鸭。许多种类的群居

⩗ 秧鸡科种类头和喙形上的多样性

a.褐斑秧鸡的喙细长，用于探食；b.斑胸田鸡具田鸡类典型的短喙；c.新西兰秧鸡有时会捕食小型哺乳动物；d.红瘤白骨顶的额盾顶部为红色；e.新西兰的食草种类巨水鸡有强健的喙，这种鸟曾在很长时间内被认为已经灭绝，直至1948年重新出现。

⩗ 秧鸡科的代表种类

1.红翅林秧鸡,一种南非的留鸟； 2.普通秧鸡在雏鸟孵化后将蛋壳移走； 3.弗吉尼亚秧鸡在美国北部很常见； 4.在看雏的美洲骨顶； 5.分布广泛的黑水鸡,无论游泳还是在漂浮的植被上行走都轻松自如； 6.紫水鸡，欧亚种类，从非洲迁徙至地中海西部的湿地。

组织和群居行为至今仍是谜，不过它们往往会在它们最常栖息的茂密植被地带用响亮的鸣叫声来划地而居。

相比之下，田鸡和水鸡类的喙普遍更短，不足以伸入泥土中觅食，因而更多地依赖于地面进食，摄取小型无脊椎动物以及种子。大部分种类或多或少都是食草类，其中有一些（如濒危的新西兰巨水鸡）几乎完全是素食主义者。它们并不十分依赖于湿软的沼泽地，可以在多种栖息地生活。如长脚秧鸡曾出没于欧洲、北亚和北非的许多条件恶劣的草地（以及耕地）中。这种深居简出的鸟虽然鸣声特别，听上去像是小刀在梳子的梳齿上磨，却很难发现它们的踪影。不过，田鸡类和水鸡类的栖息地还是以水生环境为主。大部分种类为单配制，但有些种类的繁殖机制颇为复杂。此外，它们都长有额盾。

虽说秧鸡科的成员都会游泳，但只有骨顶类才是真正的水栖类。趾大，并长有相当大的瓣，这使它们能够自如地游泳和潜水，而且它们也很少远离有水的地方。甚至在偏远的安第斯山脉高处的湖中，也有它们的身影——2个最大的种，即角骨顶和大骨顶在此安家而居。由于没有必要在茂密的植被中藏身，骨顶类的体态显得要比其他类秧鸡臃肿。它们为杂食类，冬季主要食植物性食物，其他季节会在此基础上进一步多样化，如春夏会食季节性丰富的水栖昆虫。雏鸟刚孵化时几乎仅食昆虫，此后随着肠

知识档案

秧 鸡
目 鹤形目
科 秧鸡科

34属约133种。笼统地分为3类（非分类学上的分类）。其中，长喙类秧鸡包括：关岛秧鸡、弗吉尼亚秧鸡、普通秧鸡、华氏秧鸡、新喀秧鸡、新西兰秧鸡、普氏秧鸡。田鸡和水鸡类包括：董鸡、黑苦恶鸟、长脚秧鸡、黑水鸡、萨摩亚水鸡、紫青水鸡、紫水鸡、巨水鸡、白翅侏秧鸡。骨顶类包括：美洲骨顶、白骨顶、大骨顶、角骨顶。

分布 欧洲、亚洲、大洋洲、南北美洲以及诸多海上岛屿和群岛

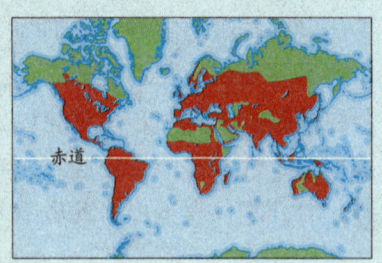

栖息地 通常为潮湿的森林、丛林、草地和沼泽地。

体型 体长10~60厘米，体重20克（黑苦恶鸟）至3.2千克（巨水鸡）。雄鸟与雌鸟体型相近或比雌鸟重5%~10%。

体羽 主要为单一的棕色、灰色或红褐色，有时带有浅色的斑点或斑块，少数种类具有对比鲜明的亮丽羽色。有些种类中，羽色会因性别不同而不同，但大部分种类的雌雄鸟羽色相似。

鸣声 嘘嘘声、尖叫声和咕噜声，一种或多种声音混杂。许多种类的鸣叫声听起来并不像鸟鸣。

巢 在全水栖的种类（骨顶类）中，巢为圆锥形，筑于树枝或圆石（角骨顶）之上，从浅水中露出。其他种类筑巢于草丛或芦苇荡中，有时带有巢顶。少数种类筑巢于灌木或矮树丛。所有种类的巢材均为植被。

卵 窝卵数通常为2~12枚，但有许多种类缺乏文献记录；颜色从白色至深茶色，常有颜色更深的褐色、灰色、紫红色或黑色点斑；重10~80克。孵化期20~30天。

食物 大中型的无脊椎动物、小型脊椎动物、某些种子、果实和植物新芽等，少数种类基本为食草类。

慢慢变大，逐渐转为食素者。骨顶类具群居性，尤其是在非繁殖期。如白骨顶会一次性脱换所有的飞羽，在4周内都有可能不会飞，这期间它们便聚集在大湖和海岸，成群规模可达数千只，既可以享用丰富的食物资源，又可以借助群体的力量保证安全。

● **只闻其声，不见其踪**

秧鸡科的腿结实、肌肉发达，具三前趾、一后趾。走路时后趾做支撑，头和尾经常上下左右摆动。有些种类，如紫水鸡，能够爬树。腿、脚和喙通常着色鲜艳，雏鸟在长大的过程中这点尤为明显，而成鸟会用这些部位来作为解决领域争端的武器。虽有少数例外，但总体而言两性在体羽上并无多大区别，并且繁殖期体羽与非繁殖期体羽也基本相似。雏鸟的绒羽颜色几乎总是为黑色或褐色，仅栖

息于森林的噪大秧鸡和非洲的侏秧鸡类例外,它们被认为是该科最原始的种类。

也许是喜居茂密植被中的缘故,大部分秧鸡科种类善于鸣叫,并经常整夜鸣声不断。它们会发出多种尖叫声、颤音、咕噜声和狗吠般的声音。苏拉威西的普氏秧鸡的鸣声一如它的英文名字"Snoring Rail"(意为"打鼾的秧鸡")。而黄斑侏秧鸡的声音肯定会让人对非洲的夜晚难以忘怀:它们首先发出似猫头鹰叫的低沉鸣声,然后便是尖锐的哀号声,被形容为班西在痛哭(班西,盖尔族民间传说中的女鬼,她的哀号预示将有家庭成员死亡)或一个怪异的人出生时发出的啼哭。领域炫耀的鸣声往往特别响亮,而且具有反复性,如发出"嗒喀—嗒喀"、"卡喀—卡喀""夸喀—夸喀"的声音,在栖息地能传2~3千米远,而它们在那里50米外就已经看不见对方。这些鸟似乎有腹语术一般,常常只闻其声,却难觅其踪。

虽然许多秧鸡彻夜鸣叫,但大部分种类却在黎明和傍晚时最活跃。不过,骨顶类和水鸡类往往为昼行性鸟。和秧鸡科的其他许多生物特性一样,人们对其栖息行为也缺乏研究。不过多数种类被认为栖息于茂密的植被遮蔽物中。一些居于森林的种类会栖息树上。红颈秧鸡会使用群体栖息平台,而黑翅栗秧鸡会建一个圆顶栖息巢,可容纳7只成鸟同时栖息。此外,相互梳羽现象很常见,有些种类还会集体"晒日光浴"。

● 没有完全揭开的繁殖之谜

除少数种类外,大部分秧鸡的繁殖栖息地鲜为人知。多数被认为是单配制,在繁殖期维护某块领域,有些种类会常年维护同一个领域。一些种类实行协作育雏。不少种类会齐鸣,这一行为主要用以领域维护,不过在黑苦恶鸟中会用于"大家庭"成员之间保持联系。绝大多数秧鸡在1岁时性

↗ 由于农业技术的变更,长脚秧鸡繁殖后代的高草草地大片丧失,导致它们在西欧的数量迅速下降。如今,这种鸟主要生活于东欧。

成熟（虽然它们可能在年龄再大些才繁殖），而阿尔达布拉群岛（位于印度洋，为塞舌尔共和国的组成部分）的白喉田鸡在9个月时便达到性成熟，关岛秧鸡更是在只有16周大时就可以进行繁殖。秧鸡的寿命不是特别清楚，一些大的种类如骨顶类和新西兰秧鸡能活15年，然而大部分种类很可能在5~10年。

它们的求偶和结偶行为也鲜为人知，但那些不是很隐秘的种类例外，如骨顶类和水鸡类。在这些种类中，求偶炫耀一般很简单，通常为炫耀斑纹鲜艳的胁羽（许多田鸡类和秧鸡类也有）或尾下覆羽（青水鸡类也有）。求偶喂食比较常见，而在一些种类中，看似富有攻击性的求偶追逐最后常常演变为交配。

大部分种类单独营巢，不过当栖息地有限时，会形成松散的繁殖群，如紫水鸡。巢一般营于茂密植被中，通常在水边，多呈杯形（或者在一些林栖性种类中成圆顶形）。巢材为各种可获得的植被，衬里完好。有些倾向于水栖的种类会构筑大的营巢平台。例如，角骨顶会在大的锥形石堆上用水草筑一个直径达4米的巢，巢底刚刚没入水面下。整个营巢平台可重达1.5吨。秧鸡一般每年育雏1~2次，不过如果各方面条件都非常有利，许多种类会延长繁殖期。

秧鸡的窝卵数通常为5~10枚，孵化期为2~3周。但王秧鸡一窝可产15枚，而栗秧鸡仅产卵1枚，孵化期需37天。有些种类，如黑水鸡，雌鸟会将卵"弃"于其他雌鸟的巢中，由后者孵化。孵化工作既可以自首枚卵产下后就开始，也可以待一窝卵全部产下后再开始，具体依种类而定。一般双亲共同担负孵卵任务，雄鸟负责白天，雌鸟负责夜间。

雏鸟孵化后，很快具有活动能力，2~3天后便离巢，但仍然依赖于亲鸟的照顾，直至飞羽长齐，一般为孵化后4~8周。在首枚卵产下后就开始孵化的种类中，同一窝雏鸟出生的时间会不同，首枚卵较其他卵先孵化。于是，当最先出生的雏鸟已经能够独立觅食时，它的兄弟姐妹可能还在卵中挣扎。

在被迫与先出生的雏鸟从亲鸟那里争夺食物的过程中，后出生的雏鸟经常处于挨饿状态。事实上，在一些种类中，如白骨顶，亲鸟会粗暴地教训某几只雏鸟，啄住它们的头晃来晃去，直至把它们重新放回水里。当食物供应不足时，这种行为似乎成为一种机制，旨在保证一窝雏鸟的数量。

大部分秧鸡应该为单配制，因为雏鸟出生后有较长一段时间需要亲鸟照顾。有10多个种类，如欧洲的黑水鸡和非洲的黑苦恶鸟，会形成"大家庭",之前孵化的几窝雏鸟会帮助照看新孵化的雏鸟,有时则由其他成鸟协助看巢。

然而,在有些种类中,情况要复杂得多,这也表明关于秧鸡的繁殖行为还有大量的东西有待进一步去发现。以长脚秧鸡为例,一度人们认为它们是单配制,直到后来才发现,其他的雌鸟在某只雄鸟的领域内似乎并不被视为入侵者。进一步的研究表明,相邻巢内的雏鸟常常与数只雌鸟和一只雄鸟有关,且雏鸟由雌鸟单独抚育。尽管部分为单配制,但多配制很常见。非洲秧鸡和北美花田鸡也存在相似的繁殖机制,由此反映出在多产的栖息地,单独一只亲鸟就可以找到足够的食物来抚养后代。

与此截然相反的是,某些种类实行一雌多雄制。如生活于天气变幻莫测、丰产季节短暂的非洲湿地中的斑纹田鸡,与其他秧鸡科种类不同,其两性体羽相异(雄鸟为浅褐色,雌鸟为淡灰色),雌鸟建立繁殖领域,连续与2只或更多只雄鸟进行交配,然后

↘ 加州长嘴秧鸡曾经在旧金山湾地区的湿地中很常见,但现在却成了一项恢复计划的保护对象,以保证它们的生存与延续。

留下雄鸟单独孵卵。这种情形也见于某些涉禽类，这可能是为了充分利用短暂的繁殖季节。

此外，绿水鸡也为一雌多雄制。雌鸟与2只雄鸟（常常是"兄弟俩"）建立长期的配偶关系，三方共同承担孵卵育雏任务，有时先长大的后代也会帮忙。该鸟的这种行为被认为是源于失衡的性别比例：在绿水鸡的绝大部分种群中，雄鸟都多于雌鸟。

紫水鸡在欧洲和亚洲为单配制，但在新西兰（紫水鸡在当地的名字为"pukeko"）情况较为复杂。由于当地栖息地匮乏，它们成群生活，并且如果成员具有亲缘关系，往往会相当稳定。一个繁殖群一般有12只鸟，其中2~7只繁殖雄鸟，1~2只繁殖雌鸟，还有不繁殖的"帮忙者"，通常为先长大的后代，最多为7只。在这样的繁殖群内部，"乱伦"和同性交配相当寻常。但只有最具支配地位的雌鸟产下后代，一窝至多6雏，其他所有成员则帮助育雏。有时，紫水鸡也会形成没有亲缘关系的繁殖群，然而这些群体并不稳定，在产卵育雏方面也不甚成功。总之，秧鸡科种类的繁殖行为可谓灵活多变，这也是它们分布广泛的原因之一。

● 日趋危险

总体而言，秧鸡与人类之间的互动很少。少数种类，如长脚秧鸡、骨顶类和某些大型秧鸡，被人类捕猎当做食物或消遣，它们的卵也是美味佳肴。在一些亚洲国家，董鸡被养作斗鸡，当地的人们还会在腰间系上椰子壳来孵化从鸟巢中收集来的卵。黑水鸡和紫青水鸡等数个种类偶尔会被视为危害庄稼的害鸟。而新的种类仍在继续被发现，1997年一个考察队在印度尼西亚的卡拉克隆岛发现了2个新的秧鸡科种类。

目前，全球范围内有近1/4的秧鸡面临威胁。自17世纪初以来，至少有

↗ 一身富丽堂皇的青绿色加上腿部醒目的黄色，紫青水鸡无疑是秧鸡科中最亮丽的种类之一。

16个种类已灭绝。不会飞的种类尤易受到威胁，如今18个种类中有13个受胁种。而历史上灭绝的种类中绝大部分都不会飞。

岛上秧鸡种群的主要威胁来自早期殖民探险者所引入的猫、鼠、猪等食肉动物的掠食，以及近年来的栖息地被破坏和过度放牧。早期探险者们的大肆捕猎也是导致某些种类绝迹的原因之一。而生活在大陆和大型岛屿上的一些种类也面临着威胁，主要来自栖息地的破坏。如普氏秧鸡的威胁来自因大量伐木而导致它栖息的森林大片丧失，而白翅侏秧鸡的威胁则来自它喜居的湿地栖息地不断缩减并被过度放牧。

有2个例子或许可以用来阐释秧鸡面临的威胁。在欧洲，过去1个世纪里土地的使用发生了重大变化，农业用地日益被置于密集型管理之下，结果，长脚秧鸡的数量受到影响。

这种鸟在非洲大草原过冬，在欧洲和中亚繁殖，栖息于开阔的低地沼泽和草地，尤其是用以做干草来源的草地。它们的主要威胁便来自于湿地减少而导致的栖息地丧失，以及农业的密集化尤其是将收割干草的草地变成青贮饲料的生产地，这意味着收割频率大大增加，从而使巢的破坏率和成鸟的死亡率都上升。

除了保护剩余的沼泽地（特别是在东欧地区），人们还采取了其他一系列措施来使长脚秧鸡在耕地上继续生存下去，如在耕田的角落里保留少量的未耕区域，推迟收割，或从耕田的中心往外收割，使鸟可以逃避收割机。2000年，人们对东欧地区和俄罗斯作的一项系统调查表明，那里的长脚秧鸡数量几乎为事先估计的5倍，这一事实也说明有太多的东西有待于人们进一步去发现。虽然这些长脚秧鸡种群的具体情况尚不清楚，但西欧农业实践的日渐东扩，让人们对这种鸟的未来日益关注。

关岛秧鸡曾一度遍布于关岛这个太平洋岛屿上。虽然有野猪和野猫的存在，但20世纪60年代这一种类的数量一直在8万只左右。然而，在1968年偶然从澳大利亚引入棕树蛇后，野生关岛秧鸡及其他一些本地种类的数量急剧下降。因为这种蛇既食卵又食雏鸟。到了1981年，该鸟的数量减至2 000对。到1987年，野生关岛秧鸡绝迹，被宣布为野生灭绝种。

不过，早在1982年，那些有预见的人们就已经开始实施了一项人工繁殖工程，约繁殖成功了180只关岛秧鸡。1998年，一部分人工繁殖的关岛秧鸡被放入没有蛇的小片区域内。倘若能够对蛇进行成功的控制，那么这种不会飞的鸟儿也许会有一个相对明朗的未来。

水 雉 最贴心的"家庭妇男"

> 水雉的家族里，有的为单配制，夫妻恩爱和谐。有的就是一雌多雄制，雄鸟负责守家，做称职的"奶爸"。有的雌鸟可能可怜丈夫太过小巧，力不从心，也会插手家庭事务。但也只不过是在丈夫外出觅食时，负责看护雏鸟，以防不测。

水雉最引人注目的特点是趾特别长，使其能够在漂浮的、甚至沉入水面的植被上游刃有余地穿行，尤其是在睡莲上，因此赢得了"莲上飞"的雅号。尽管外形似秧鸡（秧鸡科），但事实上水雉与水禽类特别是彩鹬（彩鹬科）的亲缘关系更为密切，它们在骨骼结构、生化成分、行为特征，尤其是繁殖行为等多个方面存在相似之处。

● 长趾"莲上飞"

水雉类的体羽主要为醒目的栗色、黑色和白色，线条清晰。雏鸟颜色相对暗淡，而小水雉即使长齐成鸟羽毛后，看上去仍如同一只幼鸟。美洲水雉和肉垂水雉具黄色的飞羽，与众不同的翅膀为白色，翅尖为黑色。有6个种类喙上部具肉盾，这一凸起物在非洲雉鸻身上为浅蓝色，在马岛雉鸻身上为珍珠灰，在铜翅水雉身上为暗红色。美洲水雉的瓣足为黄色，肉垂水雉的瓣足为红色，冠水雉的瓣足为黄色或红色，并演变成为纵向的栉状结构。各种类的尾均很短，只有水雉例外，平时尾长就达30厘米，在繁殖期又会长出长达25厘米的深褐色中央尾羽。所有种类在翅膀的腕骨关节上都生出一个或利或钝的短距。

由于翅短，水雉类飞行能力较弱。但水雉在繁殖期后会进行相当远距离的迁徙，非洲雉鸻也时常在分布区内进行大范围的迁移，有时是为干旱所迫。在多雨季节，各种类都会充分利用上涨的水位四处活动，而当水日渐干涸时它们便重新退回到永久性湿地中。它们做短途飞行或炫耀飞行时，腿脚悬垂，但远飞期间拖曳于身后。从空中落下时，翅膀在闭合前常常会垂直竖起片刻，这一举动使它们（尤其是那些翅膀上原本带有醒目斑纹的种类）似乎一下子消失了。

虽然着色醒目，但它们在露天都可以变得很不起眼，而一有危险则会立即消失在植被中或躲入水下。它们时常很嘈杂，会发出一系列刺耳的声音，这种声音种与种之间、种内甚至个体之间都不同。不过，陪伴雏鸟的雄鸟也会发出某种柔和的鸣声。

水雉类见于热带和亚热带的潮湿地区。比起鸻形目的其他大部分种类，它们更习惯于水栖生活，常出现在淡水湖和水流缓慢的河流中及其附近、沼泽地和稻田中。脚上的长趾使它们得以在漂浮植被和刚没入水面的植被上自如行走。并且，它们拥有出色的游泳能力，雏鸟在面临威胁时会潜到水中，只留喙尖在水面上。非洲雉鸻的成鸟在换羽期也会如此，因为那时它们不会飞。

水雉类基本上为食肉类，主要以水栖昆虫、软体动物和其他无脊椎动物为食，偶尔也摄取小鱼及水生植物的种子。它们觅食时大部分时间在植被上轻巧走动，少数情况下会游过一片空旷的水域或展翅飞过去。

● 性别角色颠倒

大部分种类的繁殖期与当地的雨季保持一致，因为那时昆虫食物更为丰富。除小水雉外，各种类均表现出颠倒的性角色，体型通常明显比雌鸟小的雄鸟负责筑巢、孵卵和育雏的一切事务。不过，有几个种类的雌鸟在

知识档案

水　雉
目 鸻形目
科 水雉科

6属8种：非洲雉鸻、马岛雉鸻、美洲水雉、肉垂水雉、铜翅水雉、冠水雉、水雉、小雉鸻。

分布 非洲撒哈拉以南地区、印度、东南亚、新几内亚、澳大利亚北部和东部、中南美洲。

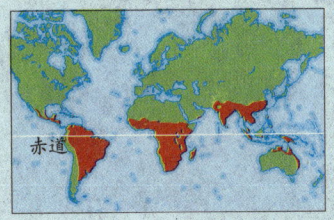

栖息地 沼泽地，水流静止或水流缓慢、覆有漂浮植被的水域。

体型 体长15~30厘米，水雉除外；体重40~230克。大部分种类雌鸟比雄鸟大，最多可重75%。

体羽 羽色醒目。头颈主要为黑色和白色，背为不同程度的栗褐色，有些种类的飞羽为黄色或白色，一些种类下体着色较深。性二态不明显。

鸣声 普遍嘈杂，为各种断断续续的高声尖叫。

巢 结构简单，巢材为水生植物的叶，通常筑于漂浮的植被上或露出水面的平台上。巢偶尔会部分沉入水中。

卵 窝卵数一般为3~4枚；表面光滑，有深色点斑、条纹和线条。孵化期约为21~26天，雏鸟长飞羽期至少为数周。

食物 昆虫和水栖无脊椎动物，偶尔也食水生植物的种子。

↗ 水雉生活在热带及亚热带的开放性湿地中，主要为淡水湖沼。因其有细长的脚爪，能在睡莲、荷花、菱角、芡实等浮叶植物行走，且体态优美，羽色艳丽，被美称为"凌波仙子"。有时也能短距离跃飞到新的取食点。

育雏阶段也会"插手"，主要是看护雏鸟。

水雉类有时为一雌多雄制，这在水雉和铜翅水雉中似乎极为普遍，但在其他种类中则部分取决于栖息地情况。例如，美洲水雉在整齐划一的沼泽地繁殖时通常实行单配制，每对配偶拥有一大块领域。但它们在墨西哥和波多黎各那些池塘错落的地带繁殖时，雌鸟便会有1~4个配偶。小水雉为单配制，两性共同孵卵（并有孵卵斑）。此外，小水雉和冠水雉均为两性共同育雏。

雌鸟一窝产4卵（小水雉为3枚）。孵化期为3~4周。育雏时间可能会出现不同程度的延长，因为不同窝的雏鸟，甚至同窝的不同雏鸟之间，发育进度相差很大。如果有必要带雏鸟离巢，亲鸟通常将它们携于翅下，长腿则悬垂。

眼下水雉类尚未面临直接的威胁，不过在中国部分地区水雉的数量在逐年减少。所有种类都高度依赖于其生活的湿地，一旦这些脆弱的栖息地出现缩减或遭污染，它们势必受到重创。

SHENGHUO ZUI QITE DE NIAO >>>

滨鹬和沙锥 男女平等，AA制

有些滨鹬生养能力很强，它们会连续产两窝卵，一窝配偶孵，一窝自己来带。双方施行"AA制"，彼此分工明确，"贡献"相同。沙锥在求偶时会通过空中"击鼓"来进行炫耀：尾羽成扇形展开，高速俯冲向下，空气流进这些羽毛就会产生类似击鼓的回声。

每逢北半球的冬季，欧洲大西洋沿岸的海湾便会聚集200多万只涉禽，其中大部分为滨鹬。荷兰的瓦登海乃是涉禽主要的越冬地和中途停留点，然而，由于过度打捞贝类，那里的涉禽不断减少。这些过冬的鸟中有近一半会前往英国，在一些大的海湾可聚集起10万只涉禽，如英国东部的沃什湾和西部的莫里凯比湾，都是重要的候鸟觅食地和栖息地。此外，在北美还有不列颠哥伦比亚省的菲沙河以及德拉华湾。观鸟者常常会惊叹于多达上万只的黑腹滨鹬和红腹滨鹬（以及少量的其他鸟）在潮退时遍布沙滩和堤岸，忙于觅食的景象。当潮水上涨、觅食地开始受淹，这些涉禽便逐渐集中在一起，形成大的群体。而潮水处于高位期间，它们不得不前往海拔相对较高的咸水沼泽地或耕田栖息。在潮水下落前，成群的鸟会在高空中盘旋飞转，远看犹如一缕缕飘动的烟。潮退后，栖息群体就会解散，这些鸟又纷纷回到岸边，开始新一轮的觅食。

● 长喙、长翅

由滨鹬和沙锥组成的鹬科是涉禽类中最大的科，它们起源于距今约4000万年~3500万年前的第三纪晚期，如今已进化成具有多种生态形态类型，从微型的小滨鹬和濒危的土岛鹬，到大型的勺嘴鹬和长嘴杓鹬，其多样性相当惊人。与它们亲缘关系最近的是水雉、彩鹬、籽鹬以及澳大利亚的领鹬。

与这种形态上的多样性相对应的是，滨鹬和沙锥在配偶体制和孵卵育雏方面也体现出丰富的多样性。许多种类为通常的配偶制，但一些种类的雌鸟每年会产3窝卵，每窝卵由不同的雄鸟孵化。有时雌鸟产2次卵，第2窝卵则由自己孵化。而那些在"展姿场"繁殖的种类，雄鸟竞相接近雌鸟，只为提供精子。

鹬科类翅相对较长，尾短，腿

沿海滨觅食的三趾滨鹬

滨鹬和沙锥的代表种类

1.矶鹬；2.求偶炫耀中的红脚鹬；3.扇尾沙锥在做鼓翅炫耀飞行；4.短嘴瓣蹼鹬；5.红腹滨鹬；6.黑腹滨鹬，腹部有与众不同的黑色斑纹；7.斑尾塍鹬；8.在进食的白腰杓鹬；9.身着繁殖羽衣的勺嘴鹬。

知识档案

滨鹬和沙锥
目 形目
科 鹬科
20属86种。

分布 大部分种类在北半球繁殖，少数在非洲和南美的热带地区繁殖。多数为候鸟。

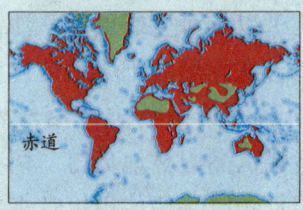
赤道

栖息地 繁殖期栖息于湿地和草地，主要在苔原、北温带北部林区和温带地区；过冬时栖息于沿海、海湾和湿地。

体型 体长13~66厘米，体重18~1040克。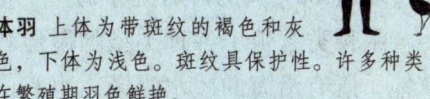

体羽 上体为带斑纹的褐色和灰色，下体为浅色。斑纹具保护性。许多种类在繁殖期羽色鲜艳。

鸣声 喊喊喳喳声、嘎嘎声、尖叫声和啸声。

巢 筑于草丛或干燥地面，极少数筑于树上或洞中。

卵 窝卵数2~4枚（通常为4枚）；梨形，底色为浅黄色或浅绿色，带有各种斑纹；重5.8~80克。孵化期21~24天。雏鸟为早成性，16~50天飞羽长齐。

食物 软体动物、甲壳类、水栖虫、苍蝇，有时也食某些植物性食物。

（由于胫骨长）和颈通常较长。所有种类前三趾长、后趾短。喙形及大小各不相同，但至少达到头部的长度，往往会更长。体羽模式一般为上体呈保护性斑纹的褐色和灰色，下体颜色较浅，有时带有条纹和点斑。两性相似，但有些种类在繁殖期间雌雄鸟的体羽会不同。它们均善奔走，会涉水，必要时能够游泳。

● 大范围迁徙

鹬科类大部分在北半球尤其是北极和亚北极地区繁殖。许多种类的繁殖范围为环极区，只有少数滨鹬类于热带繁殖。多数具高度迁徙性，在最北部繁殖的种类往往迁徙的路程最长。如红腹滨鹬的繁殖地在加拿大的北极圈内，而过冬地在南美南端的火地岛，每年往返行程近30 000千米。也就是说，这种鸟如果能活13年以上，那么它就相当于从地球飞到了月球（385 000千米）。

部分候鸟（如矶鹬）会单独或成小群迁徙，但大部分种类集体迁徙，规模一般为数百只。其中一些种类在过冬地体现出高度的群居性，成千上万只聚集在一起，并与其他种类形成混合群体。在北极高纬度地区营巢的种类如红腹滨鹬、翻石鹬、三趾滨鹬等，南下迁徙时会经过世界上众多的海岸线，远至澳大利亚、智利和非洲南部。而在西伯利亚繁殖的流苏鹬迁徙时先向西过欧洲西北部，然后南下地中海和撒哈拉沙漠，最后到达西非的塞内加尔三角洲，人们曾在那里发现过多达100万只的群居流苏鹬。

鹬科类繁殖于各种类型的湿地和草地，既有沿海的咸水沼泽，也有山区的高沼地。许多种类青睐临时性的池塘和雪化后的苔原地区。一部分种类在大草原或河边营巢。过冬地则主要为海湾的沙滩和泥滩，有些种类也会前往内陆的淡水域、牧场或多岩石的岸滩。1981年，澳大利亚的鸟类学家发现，澳大利亚的西北部地区是北半球繁殖的涉禽类最主要的越冬地。在高峰期，有50个种类，约75万只鸟出现在那里，占全世界所有涉禽种类的近1/4，其中多数为鹬科类。

全靠一双好眼睛

大部分种类在繁殖期的主要食物为双翅目昆虫，特别是大蚊和蠓。有时暂时没有昆虫可食，会摄取一些植物性食物。岸禽类过冬时主要食软体动物（如樱蛤和尖螺）、甲壳类（如螺蠃蜚）以及海生蠕虫等。沙锥和丘鹬类则善从潮湿的土壤中捕食寡毛类环节动物，其中沙锥从沼泽地中获取，后鹬从潮湿林地觅得。鹬科类觅食表层食物时一般使用视觉来定位，但对于那些在表层下面的食物则通过触觉来探触觅得。此外，太平洋杓鹬相当特别，喜食其他鸟类尤其是海鸟类的卵。这些涉禽类在觅食时，位于头顶的眼睛可获得宽阔的视野。这一

> 一群在美国东海岸的德拉华湾歇息的翻石鹬
每年5月，约有100万只涉禽逗留于这个重要的中途驿站。为了给接下来前往北极繁殖地的远行储备大量的能量，在2~3周时间内它们的体重会增长1倍。

特点在丘鹬身上体现得尤为明显——它们具有全方位的视野。

● 吵闹的"炫耀"

在北极繁殖的种类会成对到达繁殖地，或抵达后2~10天内就迅速结偶，以充分利用短暂的繁殖期。在温带繁殖的种类繁殖期相对较长，个体可能会单独在繁殖地度过数周再开始营巢。所有种类都有复杂的炫耀飞行或鸣啭飞行，在交配前会做举翅等地面炫耀。炫耀在扇尾沙锥中显得很嘈杂，它们会发出喊喊喳喳的声音。但它们的空中"击鼓"炫耀非常有名：成45°向下俯冲，尾部呈扇形展开，2枚外尾羽相当于不对称的叶片，前缘为细条状。当速度达到每小时65千米/时，流经这些羽毛的空气使之产生振动，然后就发出类似击鼓的回声，很远都能听到。这种击鼓炫耀基本上由雄鸟完成，雌鸟只在繁殖初期才有可能做。雨天照样可以表演，但风大的时候例外。

大部分种类营巢于干燥地面的草丛中或植被丛中，从而可以很好地隐藏起来。黑尾塍鹬常用植被在巢上面搭起一个穹顶，以进一步提高隐蔽性。在亚南极地区繁殖的沙锥类将巢营于其他鸟所掘的洞穴中。白腰草鹬、褐腰草鹬和林鹬有时将卵产于鸣禽类在树上或灌木中的弃巢里，其中白腰草鹬倾向于寻找林木茂密的地带进行繁殖。大部分种类至少在繁殖初期具有很强的领域性。营巢密度从长

嘴杓鹬的每平方千米1对至尖尾滨鹬和西滨鹬的每平方千米51 000对不等。

产卵间隔为1~2天。孵化自最后一枚卵产下后开始，大部分种类孵化期为21~24天。卵呈梨形，相对较大，整齐地排列于巢中。就比例而言，小滨鹬类的卵最大，1窝4枚。巢的重量可达到雌鸟体重的90%左右。绝大多数种类雌雄鸟共同孵卵，不过分工各异。但在流苏鹬和斑胸滨鹬中，只有雌鸟孵卵。在北极营巢的三趾滨鹬，雌鸟产2窝卵，1窝自己孵，1窝配偶孵。

雏鸟孵出的时间间隔不超过24小时。其绒羽具有隐蔽性。雏鸟一出生便具活动能力。待绒羽干后，它们一般由双亲照看，被带到合适的觅食地。在斑胸滨鹬和弯嘴滨鹬中，只有雌鸟育雏。半蹼鹬与众不同，为雌鸟孵卵，雄鸟看雏。黑腹滨鹬的雌鸟会将雏鸟留给雄鸟照看，同时由其他不繁殖或繁殖失败的同类协助。在扇尾沙锥中，雌雄鸟会将孵化的雏鸟分成两部分，各带一半。而丘鹬和红脚鹬据说在飞行时会带上它们的雏鸟，夹于腿间，但野外考察的生物学家一直未目击过这样的情形。雏鸟会飞的时间从较小种类的16天左右至杓鹬的35~50天不等。

● 途中杀害

世界上一些重要的海湾聚集了众多的涉禽，其中大多数为鹬科类。它们的生存很大程度上有赖于这些地方，不是迁徙途中作暂时的停留，就是留在那里过冬，度过一段较长的时间。如此的高度依赖少数地方，使这些鸟很容易受到栖息地破坏和污染以及人类过度捕猎它们所食的无脊椎动物所带来的影响。

而对这些鸟本身的捕猎也导致了数个新旧大陆种类的数量大幅减少。高原鹬于19世纪80年代和90年代在北美被当做美味佳肴遭到大肆捕杀，如今在它们的草原繁殖地也很少能见到它们的身影。大批的极北杓鹬也在19世纪70~80年代被射杀，尤其是在它们从阿根廷大草原北上返回苔原繁殖地的途中。现在，这种几近灭绝的鸟没有为人们所知的繁殖地或过冬地。不过近年来，人们偶有见到数只极北杓鹬飞过，同时在它们以前的繁殖地也偶有发现。

▷ 黑腹滨鹬往往大规模聚集在一起。它们中的半数集中在英国的9个海湾过冬。

鹤 忠诚友爱的"模范夫妻"

> 鹤的忠诚友爱在鸟类界绝对算典范。通过"求偶之舞"雄鹤与雌鹤结成亲密伴侣，相守终生。婚后双方共同孵卵，一般雌鹤负责夜间，雄鹤白天接班。到三十一天后蛋中小鹤开始啄壳，双亲在旁静立守候达一昼夜。才出壳的雏鹤形如小鸭，觅食时紧随双亲左右。幼鹤长到一岁，为了养活新出世的雏鹤，双亲要忍痛将其赶走，让它自立。

鹤是鸟类中的极品。它不但是最古老的群落之一，其起源可追溯至距今约6000万年前的古新世；而且寿命很长，人工饲养的鹤可存活七八十年。同时，鹤也是身高最高的飞鸟，其中一些种类直立达1.8米。鹤以优美高雅而著称于世。长期以来，许多当地的人们对鹤都肃然起敬。但不幸的是，鹤已成为世界上最濒危的鸟类之一，目前15个种类中有9种面临威胁。人类无疑是导致它们近年来数量下降的始作俑者。

● 长颈、长腿

鹤的喙长而直，且强有力。所有种类都有修长的颈和腿。它们的鸣叫底气十足，声音洪亮、穿透力强，可传至方圆数千米之外。的确，在鸟类世界中很少有别的鸣声能出其右。有些种类的气管通过在胸腔内盘绕而得以加长，这一结构大大增强了它们的鸣声。鹤飞行时，脖子前伸，腿绷直，通常高于短而粗的尾巴。不过，在寒冷的天气里，飞行的鹤会弯曲它们的腿，将足收放于胸羽下面。尽管鹤绝大多数都为水栖，但它们的脚并不是蹼足，而且它们仅在浅水域繁殖、觅食和夜间栖息。

● 居于开阔空间

鹤一般栖息于开阔的沼泽地、草地及农田。大部分种类通常将巢筑于浅湿地的偏僻处，但蓑羽鹤属的2个种例外，它们经常在草地或半沙漠地带营巢。

只有冠鹤属的2个种类栖息于树上。冠鹤也是鹤类的"活化石"。在遥远的始新世（距今5500万~3400万年前），这些羽毛蓬松、顶着绚丽的大头冠的鸟曾在北半球活跃了数百万年，直至地球变冷、适应寒冷气候的鹤出现。冰川期时冠鹤的生活范围仅限于非洲中部的热带大草原,因为当时北半球的大陆为冰雪覆盖,而那里却保持着热带气候。如今,冠鹤的2个种类仍点缀着非洲的草原,而其他13个适应寒冷气候的鹤种则漫步在北半球及澳大利亚的湿地中。

● 杂食"机会主义者"

如今那些成功生存下来的鹤类都是见什么就吃什么的杂食者。这是在过去数千年间为了适应从农田里找到充饥之物而养成的习惯。鹤属中的几个种类、冠鹤属的2个种类以及蓑羽鹤属的2个种类都为短喙型,能够有效地捕食昆虫,从草的茎上啄取种子,或像鹅一样啃新鲜的绿色植物。而相比之下,大部分濒危鹤种都有着长而有力的喙,用以在泥泞的土壤中挖掘植物的根和块茎,或捕食小鱼、两栖类和甲壳类等水生动物。这样的种类以大型的鹤类为主,包括肉垂鹤、赤颈鹤、澳洲鹤、美洲鹤、白鹤、丹顶鹤和白枕鹤。

● 一唱一和

绝大多数野生鹤长到3~5岁时才开始繁殖。那些易于生存的种类如沙丘鹤和灰鹤,每次繁殖通常会抚育2只后代。相反,那些稀有的种类,包括美

▶ **鹤的代表种类**
1.黑冠鹤;2.蓑羽鹤;3.白鹤。
另仅显示头部的为:4.美洲鹤;5.赤颈鹤;6.沙丘鹤。

洲鹤和白鹤，往往仅抚育1只雏鹤，人工饲养也不例外。比起易于生存的种类，它们常常很难进行繁殖。

鹤为单配制。随着春季或雨季来临，成对的配偶退居偏僻的草地或湿地，在那里建立并维护自己的繁殖领域。可能有数千公顷大，具体依种类和地形而定。

成对的配偶会发出"齐鸣"二重奏，雄鸟和雌鸟各自的鸣声清晰可辨，同时又保持一致。在大多数种类中，当雄鸟每发出一串悠长而低沉的鸣声时，雌鸟就配合着发出数声短促的高音。从这种炫耀行为中可以区分鸟的性别。而这样的"齐鸣"有助于巩固配偶之间的感情，促进繁殖领域的维护。然而，当2只鹤之间的关系稳固下来后，这种齐鸣更多地成了一种示威行为。拂晓时分，一对对配偶纷纷开始齐鸣，表明各自的领域范围。邻近的配偶便报以更多的齐鸣，于是，齐鸣声回荡在方圆数千米内的湿地和草地上空。

一对关系稳定的配偶，双方的生殖状况通过激素周期的调节而保持同步。激素周期会受到天气、白昼长短以及各种复杂的炫耀行为如"齐鸣"、"婚舞"等因素的影响。鹤在产卵前数周开始交配。为保证繁殖成

知识档案

鹤
目 鹤形目
科 鹤科
4属15种。种类包括 蓝鹤、黑冠鹤、白鹤、肉垂鹤、黑颈鹤、灰鹤、丹顶鹤、沙丘鹤、赤颈鹤、白枕鹤、美洲鹤等。

分布 除南美洲和南极洲外的各大洲。

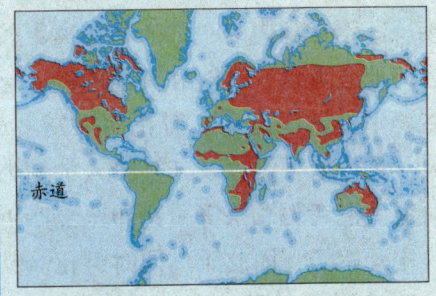

栖息地 繁殖季节栖息于浅湿地，非繁殖期栖息于草地和农田。

体型 高 0.9~1.8 米，翼展 1.5~2.7 米；最小的种类体重 2.7~3.6 千克，最大的种类体重 9~10.5 千克。雄鹤体型通常大于雌鹤。

体羽 白色或各种暗灰色，头部为大红色裸露皮肤或细密的羽毛。次级飞羽长而密。尾羽长、悬垂，或有褶边、卷曲，在求偶炫耀时竖起。

鸣声 音尖，悠远。其中有12种可以从成鸟配偶的齐鸣中辨别雄雌。

巢 筑于浅水域或低矮的草地。

卵 窝卵数 1~3 枚。白色或深色，重 120~270 克。孵化期 28~36 天。

食物 昆虫、小鱼和其他小动物、块茎、种子以及农作物的落穗。

功率，雌鸟必须在产卵前的2~6天内完成受精。

配偶会在湿地繁殖领域内某个偏僻的地方筑一个平台巢。冠鹤类通常一窝产3卵，其他鹤类一般产2卵，其中肉垂鹤例外，更多情况下只产1卵。

雄鹤和雌鹤共同担负孵化任务。雌鹤一般负责夜间孵卵，雄鹤则白天接班。不在巢内的一方通常在离巢较远的地方觅食，有时和其他的鹤一起在"中立区"觅食。孵化期为28~36天，具体依种类以及亲鸟投入的精力而定。冠鹤类总是等一窝卵全部产下后才开始孵，因此雏鸟同时孵化。其他种类的鹤在第1枚卵产下后便开始孵，雏鸟出生时间一般差2天。

鹤的雏鸟一孵出来便发育得很好（即早成性），跟随它们的亲鸟在浅水域四处活动。2~4个月后长齐飞羽，体型较大的热带种类如肉垂鹤和赤颈鹤的雏鸟长飞羽期较长，而白鹤较短——因为靠近北极的气候使食物充足期变得很短，雏鸟在这段时间里必须快速发育。虽然鹤的卵在大部分情况下都能得到孵化，但许多雏鸟会夭折，而且很多被列为濒危的种类每次繁殖只能抚育1个后代。雏鸟会飞后，仍与亲鸟生活在一起，直到下一个繁殖期来临。在有些种类中，新长大的鹤会跟随亲鸟南下飞往数千千米外的传统过冬地，以熟悉迁徙路线。

先天与后天的关系在鹤身上得

↗ 在博茨瓦纳的丘比国家公园浅水域觅食的肉垂鹤
这种身高可达1.75米的大型鸟类虽然有时也食小鱼，两栖类和甲壳类动物，但主要以水生植物的块茎和根茎为食。

到了很好的体现。尽管它们做出复杂的视觉和听觉炫耀是基于一种天生的本能，但却是后天的学习决定了炫耀行为发生的背景环境。比如，由人抚养的幼鹤就更喜欢与人而非鹤发生联系，它们会引诱或者威胁人。此外，亲鸟还会教幼鹤去何处觅食以及觅何种食物。

● 生存面临威胁

以水生动物为食的鹤类面临的生存威胁最为严峻。它们数量下降的一个关键原因就是湿地的退化和消失。另外，庞大的体型和醒目的羽色使它们很容易被猎人和卵攫取者发现。

北美的美洲鹤被视为鹤中最珍稀的种类，在20世纪40年代初期仅剩20只左右，今天也不过约400只（野生和人工饲养的均包括在内）。其次是丹顶鹤，野生的共有1 800只左右。白鹤约为2 500~3 000只，白枕鹤和黑颈鹤各约5 000只，肉垂鹤8 000只，白头鹤11 000只。所幸的是，鹤毕竟是受人喜爱的鸟，近年来许多亚洲国家通过努力，保护了那些对鹤的生存至关重要的湿地。而随着湿地区的人口数量飙升，湿地承受的生态压力与日俱增。

亚洲有5种濒危种，每种仅有寥寥数千只。不过由于鹤在许多亚洲国家的文化中具有特殊的象征意义，因此尽管数量少，但保护学家对避免让这些种类灭绝持乐观态度。只是高度依赖湿地的白鹤有可能成为例外。白鹤仅会从浅水域中挖掘水生植物中肉质的根和块茎，而不像其他种类的鹤那样在迁徙途中和过冬地能够在农田和草地觅食。在中国，保护大面积的浅湿地无疑是一项重大挑战，因为每年10月至次年4月，半数以上的白鹤都生活在这里。

在非洲，4种地区性的鹤尽管在当地数量不少，但近年来由于人类的介入，已出现了大范围的减少。全世界18 000只蓝鹤中，除了纳米比亚的100只左右，都集中在南非。然而在纳米比亚，将草地改种树林、大规模农场的细分以及中毒现象都严重威胁着作为该国国鸟的蓝鹤，同时当地肉垂鹤和灰冠鹤的数目也受到威胁。在西非，黑冠鹤的生存也因栖息地丧失、遭人类围捕和用于交易而受到威胁。但从全球角度来看，从东非到南非，灰冠鹤的情况还是相对比较令人放心的。不过，湿地放牧过度和人类的大量干涉还是在很多地区造成了该种类数量的下降。

和亚洲的白鹤一样，非洲的肉垂鹤也是湿地依赖型。所幸的是，非洲中部的数片大湿地（尤其是博茨瓦纳的奥卡万戈三角洲、赞比亚的卡富埃平地和巴韦卢沼泽地、莫桑比克的赞比西三角洲）栖息了相当一部分的肉

飞翔中的鹤伸展颈和腿，姿态优美流畅。鹤是出色的高空飞行家。灰鹤（见图中）迁徙穿越喜马拉雅山时飞行的高度超过9千米——相当于喷气式客机的航行高度。

垂鹤。而与筑坝相关的水利工程以及由此导致的湿地变迁则成为肉垂鹤生存的最大威胁。

为了保护受胁鹤种，人们设立了数个针对性强的保护行动方案。与北美的保护美洲鹤行动遥相呼应的是，俄罗斯在奥卡自然保留地成立了白鹤人工饲养繁殖中心。人工繁殖的鹤目前正被用于试验，目的是增加迁徙至伊朗和印度的白鹤数量。为此，人们在试验中使用了大量技术手段，如将白鹤的卵放入野生灰鹤的巢中进行交叉孵化，将做上标记的白鹤与野生白鹤和野生灰鹤一起放飞等。然而，在伊朗和印度的已知过冬地，并未发现放飞的白鹤。倒是有一只在秋天与一群灰鹤一起放飞的白鹤，据报道次年春天与另2只迁徙回俄罗斯的白鹤在一起。目前，俄罗斯正在开发有关训练白鹤跟随机动滑翔机飞行的计划，旨在最终重建迁徙至伊朗和印度的该种类候鸟种群。

沙鸡 携水飞行的特异功能

> 沙鸡栖息在干旱沙漠中，为了照顾还不会飞又必须饮水的雏鸟，沙鸡爸爸会用像海绵一样具有高强吸水性的腹羽来吸水携带飞行。雏鸟吸饱水后，雄鸟会找块沙地将羽毛擦开。奇怪的是这种携水飞行的本领只有雄鸟具备。

沙鸡具有出色的隐蔽性，能够与所栖息的干旱沙漠和灌木丛融为一体。因此人们很少见到它们的身影，除非是在清晨或傍晚，数十只、数百只甚至数千只沙鸡成群飞往水源地饮水时。虽然它们看上去有点像松鸡（grouse）（它们的名字"sandgrouse"便由此而来），但这种相似性只是表面上的。对于沙鸡究竟与鸽子的亲缘关系更密切，还是与涉禽（岸禽）更密切，分类学者们曾一度争论不休。

然而，最新的分子分析结果完全支持沙鸡与涉禽源于共同的原种这一观点。不过，沙鸡的骨骼与鸽子的十分接近，而事实上它们之间确实有亲缘关系，但在同一进化谱系中鸽子的起源相对更早。

● **身披绒毛，防冷防沙**

大部分沙鸡种类都具有伪装性质的点斑和条纹，蜷缩在地面时很难被发现。而它们长而尖的翅膀使它们同样可以迅速飞离，那种轻快、直线型的飞行与鸽类颇为相似。沙鸡的体羽浓密，浑身覆有一层厚厚的绒毛。这是一种很不寻常的特征，因为其他大部分鸟类有明显的不同体羽区，之间由裸露的皮肤区相隔。这层绒毛使沙鸡可以抵御沙漠巨大的昼夜温差和冬夏季温差。甚至它们的喙基也覆羽，以保护鼻孔免受风中沙尘的吹入。

尽管腿覆羽且很短，但沙鸡照样可以轻松地在地面奔走。它们的脚上具有3个宽而结实的前趾，均匀地分摊全身的体重，从而使它们能够在松散的沙堆中穿行自如。沙鸡2个属种类的主要区别在于是否具有后趾以及跗骨和趾上的覆羽程度。沙鸡属包括了科内的大部分种类，它们具有后趾，不过已相当退化，且不着地，另外跗骨只有前侧覆羽。而仅有2个种类的毛腿沙鸡属（见于中亚的草原和山区）后趾缺失，跗骨和前趾皆覆羽。

寻找食物和水源

沙鸡主要食蛋白质含量相对较高（尤其是豆荚）、水分较少（一般含水量低于10%）的小型种子。觅食时步子很小，用短喙不断地四下啄食。人们发现一只黑腹沙鸡的成鸟嗉囊可容纳8 700粒木蓝种子，而一只仅出生几天的那马瓜沙鸡的雏鸟其嗉囊也能容下1 400粒小种子。

沙鸡会摄入砂粒帮助嗉囊碾碎种子。此外，它们也食小的鳞茎、绿叶、浆果，尤其是在繁殖期，甚至会捕食昆虫。沙鸡白天大部分时间都在觅食，只有在赤日炎炎的夏季正午才会躲在灌丛的阴凉处休息。曾出现过成千上万只非繁殖的沙鸡（那马瓜沙鸡）聚集在一起，但这种现象除了在水源地外很少见。在觅食地，它们成群的规模通常为10~100只。

沙鸡每隔2~3天需要饮水一次，炎热天气可能每天一次，甚至一天两次。通常，数百或数千只沙鸡在固定时间聚集在水源地。大部分种类只在清晨饮水，但有3个种类（彩沙鸡、里氏沙鸡和二斑沙鸡）仅在夜间饮水。而这3个

▽ 一群那马瓜沙鸡在非洲的一处水源地
每天固定的时间，有成百上千只那马瓜沙鸡聚集在一起饮水。非繁殖季节，它们会先在水源地逗留半个小时，然后再一起同时下水。

种类也形成了一个Nyctiperdix亚属，并且它们的两性体羽普遍都带有条纹，雄鸟有黑白相间的醒目额斑。

沙鸡飞往水源的单程距离可达80千米，不过一般很少远于20~30千米。飞行速度约为每小时70千米。它们在前往水源地的途中会边飞行边鸣叫，于是前进的队伍会越来越庞大。在水源地，它们一般饮10口水，每口水都要将头仰起来吞下。但动作很快，通常一共只需10~15秒钟。倘若一对配偶同时在场，那么先饮完的一方会等另一方，然后一起飞走。有些种类，如卡拉哈里沙漠的杂色沙鸡，会直接着陆在水面上，饮水时像鸭子一样浮在水面，然后轻松起飞。沙鸡一般不会饮盐分含量高于40%的水，因为它们的肾不善于排泄盐分高的浓缩物，并且与大多数岸禽不同的是，它们也没有可排泄多余盐分的盐腺。

在高温天气（约37℃以上），沙鸡往往不再活动，它们停止觅食，寻找阴凉处垂下翅膀撑开折翅处加速散热，傍晚会进行沐浴，如白腹沙鸡（见于撒哈拉以北地区）会洗"沙浴"——背置于沙中，脚伸在半空中。夜晚，一些种类会挖浅坑栖息，而且接下来的几个夜晚会继续使用。

大部分沙鸡种类常年居于某地，有时也会"流浪"，即根据当地的食物和水源情况在它们变化多端的干旱栖息地进行大范围的迁移。

不过也有少数种类会在繁殖地和非繁殖地之间定期进行长途迁徙。那马瓜沙鸡分布最靠南的种群会北上至纳米比亚和博茨瓦纳，而黄喉沙鸡在赞比亚和博茨瓦纳的亚种则向东南迁徙至津巴布韦和南非。黑腹沙鸡的印度种群也为候鸟。而栖息于中亚草原的毛腿沙鸡并不做严格意义上的迁徙，但会出现"井喷"式迁徙——大量的鸟离开它们通常的分布区，远至欧洲和北京，并曾有1888~1889年在英国繁殖的记录。引起这种现象的原因

很可能是雪封造成食物短缺所致。

营巢于沙漠

迄今为止，人类研究过的沙鸡种类均为单配制，但领域性并不强，它们会形成小规模的繁殖群。北半球种类在春夏季节繁殖，南半球种类则主要在冬季繁殖。不过在纳米比亚和非洲南部的卡拉哈里沙漠，繁殖时期会有所不同，至少部分取决于降雨和食物供应。求偶主要表现为低头翘尾的追逐炫耀，类似于某些示威炫耀。孵卵通常为雌鸟负责白天，雄鸟负责夜里，不过在Nyctiperdix亚属的3个种类中这个模式会有所变动。对那马瓜沙鸡的研究表明，当气温很高时，亲鸟会站起来将翅膀下伸，从而给卵形成阴凉，为其降温。但沙鸡的卵应该能够经受高温的考验，因为土壤的温度有时会高达50℃。

当最后孵化的雏鸟绒毛干后，一窝雏鸟便随即离巢。由于亲鸟不喂食，雏鸟在出生数小时后就开始觅食小的种子。它们从母鸟的啄食中学会取食什么样的种子。

尽管沙鸡通常一窝3雏，但往往会有一只雏鸟早早夭折。雏鸟长至4周左右可以开始略作飞行，但随后一个月仍继续由雄鸟为它们提供水，然后它们具备了足够的飞行能力，便会跟随亲鸟前往水源地。在雏鸟出生的前3

知识档案

沙鸡
目 沙鸡目
科 沙鸡科
2属16种：黑腹沙鸡、黑脸沙鸡、杂色沙鸡、栗腹沙鸡、花头沙鸡、二斑沙鸡、四斑沙鸡、里氏沙鸡、马岛沙鸡、那马瓜沙鸡、彩色沙鸡、白腹沙鸡、斑沙鸡、黄喉沙鸡、毛腿沙鸡、西藏毛腿沙鸡。

分布 非洲、伊比利亚半岛南部、法国、中东至印度和中国。

栖息地 沙漠、半沙漠、干旱的草地草原、灌丛地。

体型 体长25~48厘米，体重150~650克。

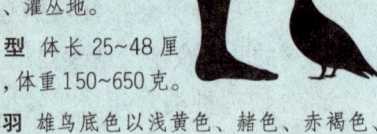

体羽 雄鸟底色以浅黄色、赭色、赤褐色、橄榄色、棕色、黑色或白色为主；通常有点斑或条纹，并主要为黑色、白色或栗色的胸斑；雌鸟则一般为赭色或浅黄色，有黑色条纹。这种性二态在沙鸡中很明显，并固定不变。有6个种类的中央尾羽很长。

鸣声 柔和、悦耳的咯咯声，固定为2个或多个音节，通常在飞行时鸣叫。不同种类声音各异。

巢 露天的地面浅坑，或营于灌丛中、草丛中或大石下；有时稀疏地衬以干燥的植物碎片或小石子。

卵 窝卵数几乎总是3枚，偶尔为2枚；形长，两头圆；浅黄色、淡灰色、浅绿色或粉红色，带有褐色、红棕色、黄褐色或灰色斑。孵化期21~31天，雏鸟约4周后飞羽长齐。

食物 几乎均食小而干的种子，偶尔摄取其他植物性食物、昆虫和小型软体动物，会摄入砂粒。

▼ 沙鸡的代表种类
1.毛腿沙鸡；2.彩沙鸡。

周，亲鸟每次只有一方飞往水源地，另一方照看雏鸟。雏鸟长到1岁左右达到性成熟。依据具体情况，有些种类，如分布在以色列的黑腹沙鸡和摩洛哥的斑沙鸡，它们的雏鸟自立时间早，所以，它们可以一年育2窝雏。

● 朋友和敌人

由于习惯在清晨或黄昏的固定时间大规模聚集在水源地饮水，因此沙鸡很容易遭到掠食。它们是猛禽类特别是地中海隼最青睐的猎物之一，后者经常在水源地袭击它们。而狐狸、豺和猫鼬等哺乳动物也会在沙鸡的营巢地攻击它们。此外，其雏鸟很容易受到茶隼、鸦等空中天敌的袭击。

如今沙鸡已经不像过去那样被人类大量捕杀，成为餐桌上的佳肴或消遣的玩物（过去人们曾试图将沙鸡引入美国的干旱地区用以消遣，但未获成功）。有些地方农业抛荒，再加上干旱，反而为沙鸡提供了更多合适的栖息地。当它们出现在人类定居地附近时，有些种类如白腹沙鸡，会进入农田觅食小麦、燕麦、小扁豆等农作物。在埃及，斑沙鸡和花头沙鸡会成群觅食从卡车上掉落下来的粮食（从尼罗河流域的原产地运往红海沿岸的港口）。人们挖的井也为沙鸡提供了水源，因此大部分种类的生存条件无疑因人类活动而得到了改善。目前没有一种沙鸡为受胁种类。

蜂 鸟 上天的宠儿

当大多数鸟儿为了摄取食物辛勤劳动的时候，这些小巧而又美丽的蜂鸟则优哉游哉地追花逐蜜。是的，它们是上天的宠儿，这些香甜的花蜜就是它们的食物源。为了这些美妙的食物，它们进化出长长的像吸管一样的喙。

蜂鸟是一个独特的群体，有300多个种类。蜂鸟的独特性体现在它们出类拔萃的飞行本领（悬停能力尤为突出）、绚丽多彩的体羽和普遍偏小的体型上。与花的特殊关系使蜂鸟在生态环境中拥有其他鸟所无法取代的"生态位"。它们几乎仅以高热量的花蜜为食，同时在这过程中为它们所专食的植物授粉。

尽管人们对蜂鸟内部的组成体系意见相当一致，但蜂鸟与其他鸟类群体的关系仍颇富争议。一般而言，蜂鸟科与凤头雨燕科和雨燕科一同归入雨燕目。这种分类观点近年来得到生物化学研究领域的支持。蜂鸟科内部则分为隐蜂鸟和蜂鸟2个亚科。

● 蜂鸟与隐蜂鸟

蜂鸟亚科有96个属，包含了90%以上的蜂鸟种类，乃是一个极为多样化的亚科。鉴于在这样一个大的集合中，种类关系肯定比隐蜂鸟亚科杂乱，因此一些分类学者拟寻求进一步分化出新亚科的可能性。比如有一种提议为将冠蜂鸟属和刺尾蜂鸟属并成一个独立的亚科（冠蜂鸟亚科），而将具有显著特征的齿嘴蜂鸟和矛嘴蜂鸟列为另一个亚科（矛嘴蜂鸟亚科）。虽然冠蜂鸟亚科的归类提议主要基于鼻盖和初级飞羽的位置和发育情况这些带有表面性的特征，但矛嘴蜂鸟亚科在后颈的肌肉组织和鸣啭的

↗ 一只艾氏煌蜂鸟从一朵火红的火炬花上摄取花蜜，它的振翅速度达到每秒80次。为了提供这种悬停飞行所需要的能量，一只蜂鸟每天要消耗相当于体重一半的糖分。

知识档案

蜂 鸟
目 雨燕目
科 蜂鸟科
108 属 328 种。

分布 美洲,从阿拉斯加至火地岛,此外也包括西印度群岛、巴哈马群岛、斐尔南德斯群岛。许多见于南北两端的种类会进行迁徙。

栖息地 只要有花蜜生成的地方,从海平面至安第斯山脉雪线以下的各类栖息地不限。
体型 体长 5~22.1 厘米,体重 1.9~21 克。
体羽 大多数体羽为泛有光泽的绿色,同时在头、背、喉、胸、腹、舵羽等部位经常有其他鲜艳亮丽的色彩。雄鸟通常色彩更绚丽,并且有些具冠和(或)特别长的尾羽。

鸣声 两性均会发出尖而短的领域鸣声和飞行鸣声。雄鸟的炫耀鸣啭通常比较复杂,带有一连串短促而反复的喉音和颤音。有些种类的雌鸟也会鸣啭,但复杂性稍逊。

巢 隐蜂鸟亚科的种类将巢通过蜘蛛丝附于叶下面或岩石上。蜂鸟亚科的种类大部分筑杯形巢,巢通常较小,附于大树枝或交叉的细树枝上;少数筑钟摆式或圆顶形巢。

卵 窝卵数 2 枚(极少数情况下为 1 枚);白色,长形;重约为母鸟体重的 10%~15%。孵化期 16~19 天,雏鸟留巢期 23~40 天。

食物 以花蜜为主(占到 90%),其他食物为小昆虫和蜘蛛。

声音构成方面明显有别于其他所有蜂鸟种类。多数分类学者同意齿嘴蜂鸟和矛嘴蜂鸟不从属于隐蜂鸟亚科,然而对于支持它们组成亚科却持谨慎态度,因为尚无可用于比较的生理构造和分子结构方面的翔实资料。

蜂鸟亚科一个共同的特征是它们的肱骨肌腱模式相同,而喙也通常都为笔直型或略下弯,长度从紫背刺嘴蜂鸟的几毫米至剑嘴蜂鸟的 12 厘米不等。大部分在羽色上表现出明显的性二态。雄鸟的头部、背部和腹部经常着色鲜艳,由红、橙、绿、蓝等多种亮丽的色彩组成。在某些种类中,雄鸟还有非常醒目的宝石色装饰物,如可伸展的翎羽、冠、加长型的尾羽等。相比之下,雌鸟则显得不起眼,通常没有绚丽多彩的羽色。不过,在某些种类中,体羽的性二态现象不明显,甚至不存在,如人眼几乎无法区分紫耳蜂鸟属和喉蜂鸟属中的雌雄鸟。着色亮丽的雄蜂鸟一般具有领域性。"展姿场"炫耀行为据悉只存在于少数种类中,许多蜂鸟亚科种类的求偶主要表现为空中炫耀。大部分巢为杯形(少数为钟摆式或圆顶形),筑于大树枝上或交叉的细树枝间。栖息地极为多样化,从沙漠边缘、红树林、热带雨林到安第斯山脉雪线以下的多年生草地都有蜂鸟的身影。

↗ 蜂鸟的喙通常特别长，而舌甚至会更长。图中一只牙买加芒果蜂鸟伸出喙尖，从一棵野生大蕉花那里吮水。

隐蜂鸟亚科的6个属（锯嘴蜂鸟属、镰嘴蜂鸟属、铜色蜂鸟属、髭喉蜂鸟属、隐蜂鸟属、齿嘴蜂鸟属）与蜂鸟亚科的区别在于它们独特的肱骨肌腱和以褐色、灰色和淡红色为主的着色模式。鲜艳亮丽的色彩很稀少，主要限于背羽上。隐蜂鸟普遍不具有领域性，见于热带森林的下层植被，如茂密的灌丛中。通常具有很长的喙，适于采食具管状花冠的花。与芭蕉科植物关系密切。

在所有的种类中，雄鸟都会聚集在展姿场来吸引异性。它们的炫耀很嘈杂，反复发出卡嗒卡嗒的鸣叫声，雄鸟会将舵羽（尾羽的一部分）展开成扇形，并且张大嘴露出黄色或红色的下颌内基（张嘴炫耀）。隐蜂鸟的巢为垂吊式，通常呈锥形，附于柔韧性强的狭长叶子的内侧末端，或者借助河岸、洞穴植被或桥的掩护，它们会将巢附于垂下来的根或细枝上。

蜂鸟体型非常小。大部分种类只有6~12厘米长，2.5~6.5克重。圭亚那和巴西的红隐蜂鸟及古巴的吸蜜蜂鸟体重均不足2克，不仅是最小的鸟，也是世界上最小的温血动物。而镰嘴蜂鸟、剑嘴蜂鸟和蓝翅大蜂鸟等种类则重于平均水平，为12~14克。一如其名，巨蜂鸟为所有蜂鸟中的最大者，重19~21克，与一只小型雨燕相当。

● 适应悬停

蜂鸟高度进化为食蜜类，几乎完全依赖于鸟媒花植物富含碳水化合物的分泌物（花蜜）。它们的食物构成约为90%的花蜜、10%的节肢动物和花粉。蜂鸟用细长的喙（保护着里面特化的、长而敏感的舌）来获得花蜜。它们的特殊觅食行为必然要求有一种特定的运动模式——悬停式飞行，以使它们在采撷盛开的花朵时能够在空中保持位置不动。而正是在悬停时，翅膀发出的嗡嗡声使它们获得了"蜂鸟"这一名字。不过，这种独特的觅食方式也导致它们的脚无法行走或攀缘，只能用于栖木。悬停时，蜂鸟尖而平的翅膀主要做横向运动，翅尖的动作类似于直升机上的收敛式旋翼所做的一种平面八字运动。只要翅膀的角度略作调整，蜂鸟就可以利用这种技术进行各种可控制的空中前进、后退和侧飞行为，甚至包括倒置飞行。小型种类如紫辉林星蜂鸟，悬停时的振翅速度平均为每秒70~80次，相比之下，巨蜂鸟仅为10~15次。而振翅速度最快的是某些北美种类，如红喉北蜂鸟，在求偶炫耀飞行时，振翅速度每秒钟超过200次。

蜂鸟的这种悬停飞行模式造就了其特殊的骨骼和飞行肌结构。与其他飞鸟相比，它们的胸骨相对大而长，龙骨明显。具8对肋骨，比大多数鸟类多2对，帮助飞行时保持稳定。胸部带的喙骨不仅强健，而且在结构上也很特别：只有蜂鸟和雨燕在喙骨与胸骨相连的地方有一个浅的杯-球状关节。飞行肌通过肌腱与肱骨相连。蜂鸟的肱骨进化为可绕着肩关节自由活动，从而使翅膀得以理想地全方位运动，包括近180°的轴向旋转。事实上，只有肱骨在围绕关节运动，慢镜头照片显示，前臂骨骼几乎不弯曲。

蜂鸟飞行用到的两大肌肉组织为富含线粒体的胸大肌（附于胸骨、锁骨、肱骨）和胸深肌（位于胸肌下面，也着生于胸骨）。它们均完全由深红色的肌纤维组成，为强有力的飞行提供能量。这两大飞行肌肉组织总

↗ 一只在觅食的绿顶辉蜂鸟
蜂鸟完全在飞行中采蜜，这在鸟类中独一无二。

重占到了蜂鸟体重的30%以上，这一比例远高于其他出色的飞鸟如各种候鸟等，后者的飞行肌占体重的比例不超过20%。

由于悬停飞行耗能巨大，蜂鸟对氧的需求量为所有脊椎动物之最。它们的呼吸系统非常适于处理大量气体——2个紧凑而对称的肺用以气体交换，9个薄壁气囊相当于换气的风箱。蜂鸟栖息时的呼吸频率为每分钟300次，在高温下或飞行时会上升至500次以上；相比之下，椋鸟和鸽子的呼吸频率约为30次/分钟，而人只有14~18次/分钟。蜂鸟每次呼吸的潮气量（每次吸入或呼出的气量，一般缩写为TV）为0.14~0.19立方厘米，为同等大小哺乳动物（如鼩鼱）的2倍。

一只4~5克的蜂鸟日需能量约为30~35千焦，为其基础代谢水平的5倍。为了满足这种巨大的能量需求，蜂鸟每天必须消耗约1 000~1 200朵花的花蜜。而每日随着这些花蜜摄入的水分为它体重的1.6倍。这些大量的多余水分必须通过持续的多尿排除，从而引起体内盐分的平衡问题。蜂鸟借助其特定的生理构造解决了这一问题——它们的肾含有发育不完全的肾小管，由少量环形肾元及排泄废物的单元物质组成集合管。这使得蜂鸟对尿液的浓缩方式与其他鸟和哺乳动物不一样，它们将血浆的渗透浓度降至15%~24%，从而回收宝贵的盐分。不过，尽管有76%~85%的溶质得以保存下来，但每天仍会有10%的钠和钾流失体外。这些盐分通常在花蜜中得到相应的弥补。研究表明，是食花蜜的习性促成蜂鸟进化成小体型。而相对小的肾处理相对大的水流量，这种制约只能通过前面提到的肾元产生浓缩尿液来解决。

蜂鸟的分布范围北起阿拉斯加，南至美洲超大陆圈内的火地岛，见于从海平面到海拔约4 500米的所有存在开花植物的各类栖息地。其中约一半以上的种类生活在山区，每天需要面对15℃以上的温差。因此，蜂鸟为了抵消环境温度和体温的差异究竟需要产生多少热量，成为生理学家关注的一个焦点。如果鸟的导热性（影响热交换的一种物理特性）很高，那么绝热性就会很低。而蜂鸟的绝热性可以说是很低，因为它们的体重很轻（对鸟而言，导热性随体重的减少而成指数增长），并且覆盖身体的羽毛数量相对较少。然而，蜂鸟每克体重的产热量很高。同时，由于体重轻，它们用于体温调节所需的能量远少于比它们大的动物所需的能量。

小型恒温动物面临的主要难题是如何储存足够的能量，以抵消热调节所需的消耗。一般而言，动物体重增加，能量储存也增加，两者成1.0的线性比，而能量消耗的加大与体重增长的线性比为0.75。两者间的差异给体型极小的动物带来了能量问题。于是，像蜂鸟等小型恒温动物就面临着这样的压力：一方面，它们必须满足每日的食物需求；另一方面，必须积蓄足够的能量储备来度过夜间的饥饿期。因此，食物的质量和获取的难易程度，以及降低能耗的机制，对体型极小的蜂鸟而言，显得至关重要。在蜂鸟中，这种机制表现为在日常的觅食和栖息之间，会有很长一段时间静止不动。在这段蛰伏期，气体代谢和体温依据环境温度进行调节，使体温保持在18~20℃的范围内，蜂鸟陷入休眠状态，不能对外界刺激作出协调的反应。但由此节省的能量是相当可观的：夜间栖息阶段所需能量的60%便是通过这种蛰伏方式储存起来的。

人们在对新北区（生态区名，包括北美洲寒带和格陵兰，相对于古北区)的候鸟型蜂鸟进行观察时发现，蛰伏会不定期出现，当夜间的能量水平低于下限时，蜂鸟便蛰伏。根据这些研究得知，蛰伏是一种能量调节机制，当能量低于临界值时就会引发蛰伏这种生理调节的极端模式开始生效。关于蛰伏无规律的原因，生理学家认为在于这种休眠状态存在的风险及能量成本。其中的风险主要为静止不动时，易于遭到掠食，以及剩余的能量若不

↗ 一只剑嘴蜂鸟的扇翅过程
这表明蜂鸟在悬停飞行中的极大灵活性。相对于腕骨和指骨，蜂鸟的前臂显得很短，再加上翅膀的肌肉平均占到体重的25%以上，这使它们在飞行时具有更出众的平衡性和灵活性。

足以进行热调节，那么就无法从蛰伏中苏醒过来。

上述因时间和环境条件受限而产生的对食蜜习性和能量调节模式的生理适应性，对于理解蜂鸟的总体习性具有根本性意义。充分利用能量丰富的花蜜，有助于增强个体对这种食物源的竞争力，有利于个体生存策略的发展。因此，一个普遍的结果：几乎所有蜂鸟种类的雌雄鸟都单独生活，并通常极力维护蜜源（开花的灌木和树木），不让其他任何潜在的食物竞争者接近。蜂鸟实行多配制，两性只是为了产卵才发生短暂的关系。

● 肉搏战

一般而言，在着色鲜艳亮丽的种类中，雄蜂鸟会在花丛建立觅食领域，使它们能够满足每日的能量需求。为保护花蜜资源，它们经常栖在附近的高树枝上，从而占据有利地形，便于发现天敌，并且通过"口头警告"和竞赛性的飞行阻止任何可能的入侵者（包括雌鸟）进入这片区域。"领域主人"经常先食空外围的花蜜，以降低或打消竞争者的兴趣。入侵者若对领域主人的威胁鸣声置之不理，那么就会遭到后者的猛烈追击，有时会导致"肉搏战"——实际的身体接触和争斗——2只在空中搏斗的鸟相互用爪子锁住对方，最后像坠落的石块一样摔在地上。不过，这种争斗很少会给蜂鸟造成严重伤害，只是偶尔会看到它们上体有些地方没有了羽毛，就是这种攻击行为的结果。

蜂鸟一天会沐浴数次。有些坐于浅水中，像麻雀一样泼水；有些则站于瀑布边的岩石上，等到湿气和水花从上面飘下来，便振动翅膀，竖起体羽。隐蜂鸟和许多蜂鸟会在潺潺而流的森林小溪上空盘旋，然后突然飞下去，有时几乎整个身体完全浸入水中，这样的行为时常会反复数分钟。

在通常都很拥挤的栖息地，蜂鸟经常是先闻其声后见其影。刚进入栖息地最常听到的是它们并不悦耳的喊喊喳喳声和口哨声，声音很尖，为单音节。一次鸣声的持续时间一般不到半秒，通常由雄鸟和雌鸟在觅食途中或栖于灌木顶和树顶时发出，表明领域主人占有这些花蜜丰富的食物源。有时可听到有些种类的个体为了维护觅食领域而发出的追逐鸣声——一连串富有攻击性的快节奏啁啾声。这些响亮的声音信号无论是由雄鸟还是雌鸟发出都表现出种类之间各自不同的特点，因此是野外辨识的重要依据。

有些隐蜂鸟如隐蜂鸟属的部分种类以及一些蜂鸟亚科如紫耳蜂鸟属的部分种类，是蜂鸟科中白天鸣叫持续时间最长的鸟，它们可以不知疲倦地从太阳升起唱到太阳下山。这些鸟只

▲ **蜂鸟的代表种类**
1.红隐蜂鸟；2.白顶蜂鸟；3.金喉红顶蜂鸟；4.鳞喉隐蜂鸟；5.红尾彗星蜂鸟；6.剑嘴蜂鸟；7.髯蜂鸟；8.白尾尖镰嘴蜂鸟；9.翘嘴蜂鸟；10.红喉北蜂鸟；11.巨蜂鸟。

在换羽期保持沉默。

除了不少利用展姿场模式进行炫耀的雄鸟（隐蜂鸟属、艳蜂鸟属、娇蜂鸟属的种类）会持续发出声音很尖的鸣啭外，在其他诸多蜂鸟种类中，两性的成鸟和幼鸟通常发出低柔的颤音鸣声。蜂鸟进行空中炫耀时经常会伴以特定的鸣声以及肢体音，如棕煌蜂鸟的尾羽和翅膀发出的声音（而他们平时不会发出这样的声音）。

● **发育"三部曲"**

在每个繁殖期，雄鸟会与数只雌鸟交配。而剩下的一切繁殖任务包括筑巢、孵卵、育雏，均由雌鸟单独承担。繁殖期的开始因种类和地区各异。一般而言，大部分蜂鸟的繁殖高峰期与许多鸟媒花植物集中的开花季节密切相关。在厄瓜多尔境内的安第斯山脉高海拔地区，紫耳蜂鸟属、辉尾蜂鸟属、带尾蜂鸟属、毛腿蜂鸟属的种类在潮湿季节开始繁殖，通常在10月中旬，然后持续至3月，有时至4月。而在往北或往南海拔相近的

2种受胁蜂鸟
叉扇尾蜂鸟（右图）仅限于秘鲁北部的2个地区，且均面临森林退化的威胁；而栗腹蜂鸟（左图）为极危种，只生存在哥伦比亚境内的一小片区域。

山区，繁殖期通常会提早或推迟3个月，并且仅持续数周。在海拔较低的地区，繁殖周期的季节性则趋于不明显，有数个种类可在年内任何时候繁殖，在干湿季节的繁殖高峰期繁殖的数量相应减少。

许多非隐蜂鸟种类的雌鸟会将巢址选择在附近某处花蜜丰富的地方。对于合适的营巢树枝，它们会先在上方盘旋观察，然后反复降落在某一点上面。而隐蜂鸟的巢址不会选择在附近的食物源边上。该亚科的雌鸟通常用脚附于合适的绿色棕榈叶或芭蕉叶上（日后它们的锥形巢便附于其上）。这种行为是出于筑巢的考虑，在检验叶层的承受力。

蜂鸟的巢可见于各种高度，从仅高于地面几厘米至10~30米高的树顶均有。甚至在同一个种类中，巢址的位置也会不同，既有在下层植被的，也有在树阴层的。虽然所有蜂鸟的巢都便于飞入，但只有少数种类的巢完全筑于露天。巢通常由悬挂的树叶遮掩，避免受到直接的日照和雨淋。在巢址的选择过程中，均衡的小气候条件如温度和湿度，似乎是保证胚胎顺利发育的主要因素。因此，巢址往往位于瀑布附近、森林小溪旁或湖边。所研究的种类中大部分筑巢时间为5~10天。雌鸟会定期对巢进行修补，尤其是在孵卵期。

所有蜂鸟的窝卵数均为2枚，卵呈白色，无斑，椭圆形。据报道只有中美洲纹尾蜂鸟的卵呈醒目的粉红色。但这种不同的卵色并非基因所致，而是由有时用于做巢衬里的红色橡木苔藓所造成的。雨水促成了这种色素与卵和雌鸟腹羽（经常沾到这种粉红色）发生永久性的化学反应。

大多数蜂鸟的孵化期为16~19天，比鸣禽类长2~5天。2枚卵孵化的时间间隔为48小时或者几乎同步，具体取决于每枚卵开始孵的时间。蜂鸟的雏鸟均为晚成性，出生时双目紧闭，无活动能力。在长达23~26天的雏鸟留巢期（安第斯山脉高海拔地区的蜂鸟为30~40天），可观察到下列3个明显不同的发育阶段。

第一阶段，出生后的前5天，雏鸟几乎全身裸露，只有背部有数排长约5毫米的绒毛，眼睛仍闭合。在这一阶段，雏鸟（一般为2只）躲在巢中不动。雌鸟觅食回来后，降落在巢缘，用喙触碰雏鸟的眼球后部。受到这一刺激后，雏鸟作出反应，张开嘴，接受喂食。雌鸟将精巧的喙伸入每只雏鸟的嘴里，把嗉囊中由花蜜和小节肢动物组成的食物吐到雏鸟的嗉囊里。如果人用火柴杆触碰此阶段的雏鸟的眼球部位，也会很容易诱使雏鸟张嘴。此时的雏鸟不会发出乞食鸣叫。

第二阶段，出生后的第6天至第9天，这时雏鸟的眼睛开始睁开，翅膀、尾部和背部的主要体羽开始生长。背上的绒毛没有脱去，附于正羽上。这一时期仍不会发出乞食鸣声。

第三阶段从第10天起直至雏鸟会飞。从这一阶段开始，雏鸟基本上全身覆羽，常常面朝外坐在巢缘上。但它们还是不会发出乞食鸣声。

在第二和第三阶段，雌鸟逐渐向雏鸟靠近，开始在覆羽的雏鸟上方盘旋悬停，振翅频率日渐变快，声音清晰可闻。当雏鸟附于正羽上的背部绒毛被亲鸟振翅产生的气流吹动时，它们就会张开嘴，人拿草帽扇也会产生同样的效果。在这个发育阶段，张嘴刺激发生了变化，研究中没有观察到雌鸟再去触碰雏鸟的眼球。在张嘴及进食时，雏鸟基本上仍蜷缩于巢中，只是略将身体上迎。

出生后15天左右，雏鸟开始白天坐在巢缘上，背部很少靠着杯形巢。

在喂食时间，雌鸟在雏鸟头顶悬停，吹动后者背部新长出的雏羽，只有在受到这种刺激后，雏鸟才会张嘴接受喂食。所有在露天的杯形巢中长大的蜂鸟雏鸟，在留巢期都不发出乞食鸣声，而是待飞羽长齐后才发出鸣声。这时的它们，通常无论雌鸟在场与否都会发出响亮的鸣声，只是看到雌鸟时显得更起劲。

露天巢址和低生育率很可能是促成蜂鸟的雏鸟发展出这种高度特化的张嘴反应行为的因素。因为倘若雏鸟发出响亮的乞食鸣声，并且在一些非特别的因素如风吹动巢的影响下，也会不加控制的乞食和张嘴，那么很容易将巢暴露给天敌。因此，用非常特殊的刺激方式来诱使尚不会飞的雏鸟张嘴，很可能是一种适应性的体现，目的是降低露天巢遭掠食的可能性。另一个与这种观点一致的事实是，在那些圆顶巢的蜂鸟如长尾蜂鸟和辉尾蜂鸟中，雏鸟孵化后很快就开始发出乞食鸣叫，这是对雌鸟进入巢中给雏鸟带来触觉刺激所作出的反应。

一只长尾隐蜂鸟栖息在附于一片棕榈叶下侧的锥形巢中。

翠鸟 最冷艳的"杀手"

> 翠鸟不但有水栖的,也有林栖的。不同的生存环境造就了不同的饮食习性。水栖的翠鸟以捕鱼、蟹和昆虫等为主。林栖的翠鸟以笑翠鸟为主,这种鸟儿因为叫声类似人的狂笑而得名。它们是凶猛的林中杀手,连蛇和蜥蜴这类猛兽碰到它们,都死无葬身之地。

铁蓝色的喙、栗橙色的下体,欧洲的普通翠鸟给人的第一感觉就是这种鲜明的色彩对比。而当它飞身离去时,留给人的印象仿佛是一块活的碧玉。欧洲的普通翠鸟令人印象深刻,而在世界的另一端,也生活着一种与普通翠鸟相似的鸟,小体型,着天蓝色,那就是澳大利亚和新几内亚的笑翠鸟。这种深受人们喜爱的鸟,经常热闹地生活在花园和林地中,栖息于树上,食地面动物。新几内亚和附近的群岛拥有的翠鸟种类最多、形态最多样,非洲和南亚也有丰富的种类,其他种类(几乎都色彩鲜艳、惹人注目)则见于美洲和数百个星罗棋布的太平洋岛屿上。

● 伏击型掠食者

翠鸟栖息于森林、草原和水边,羽色明艳,实行单配制,或多或少具独居性倾向。大部分种类生活于热带,但每个亚科中均有一两个种类为候鸟,其分布范围扩展至温带地区。较为原始的种类栖息于森林,以食林地昆虫为主。更为特化的种类则或采取伏击式办法捕食小动物,或在空中兜捕飞虫,或在落叶层觅食蚯蚓,或追捕鸟类或爬行动物,或从栖木上或盘旋过程中(尤其是斑鱼狗)潜入深水中捕鱼。

翠鸟和本目其他科种类一样,头大、颈短,身材结实,腿短,肉质脚力量弱,二三趾之间部分相连。喙长、直、强健,食虫种类的喙为前后平,食鱼种类为左右平。新几内亚的铲嘴翠鸟具短而厚的锥形喙。其他种类则具尖锐的匕首状喙,不过红头小翠鸟成鸟的喙尖钝(幼鸟的喙尖锐利)。有数种亲缘关系并不特别密切的翠鸟种类均仅具3趾,第4趾缺失,原因不明。体羽和其他特征表明,三趾种类与三趾翠鸟属和翠鸟属中某些四趾种类有密切的亲缘关系,因此三趾翠鸟并不像之前人们认为的那样自成一个群体。

虽然翠鸟着色多样,但一般还是以蓝色和红色为主。肩和腰部通常为富有光泽的天蓝色,背和头顶为深色,中间由白色或浅色的颈羽分开。仙翡翠类的幼鸟羽色暗淡,明显有别于成鸟,而其他种类的幼鸟着色明亮,但与成鸟相比仍略逊一筹。种类间的地理差异很小,色彩进化的保守性使大部分亲缘种看起来十分相似。明显例外的有矮三趾翠鸟、非洲的灰头翡翠和中国的蓝翡翠。其中后2个种类尽管外表不同,但它们的生化成分、生物特性以及地理分布上的关联性都表明,两者源于同一个原种。

生活在干地上的翠鸟为伏击型掠食者,对象是地面的小动物,而生活于水边的种类则是捕鱼高手。但无论是哪一种,均具有出色的视力。只是食鱼种类需要克服2个特殊的视觉问题,即光的折射和光的反射。翠鸟的眼睛在眼眶内的活动范围有限,它们通过快速、灵活地转动整个头部来弥补这一缺陷,从而搜索跟踪运动迅速的猎物。如白眉翡翠能够在90米开外锁定一只小动物。此外,白腹鱼狗对接近紫外线的光很敏感,而这同样有助于它们的捕猎。

所有翠鸟的每只眼睛里都有2个中央凹视网膜的凹陷入,聚集着大量的感光视锥细胞。翠鸟的视野在正面重叠,形成双目视觉。每只眼睛的其中一个中央凹用于双目视野,另一个中央凹用于形成头部一侧的单目视野。实验表明,翠鸟捕鱼时先通过单目中央凹上成的像发现猎物,然后头部像平常那样调整至60°角(喙向下),同时头微微转动,使猎物的像成在一只眼或两只眼的双目中央凹上,从而精确计算出猎物的距离。如斑鱼狗能锁定水面下2米深的鱼,然后从2~3米的高度潜入水中。普通翠鸟在入水的那一瞬间,会将翅膀围绕肩关节向后转动,同时瞬膜(一层半透明的皮)

↗ **翠鸟的代表种类**

1.蓝胸翡翠;2.白腹鱼狗;3.亚马孙绿鱼狗。从这3种鸟中可看出翠鸟科着色的丰富性,从鲜艳的蓝、绿、红至朴素的黑白色应有尽有。

前后移动，保护眼睛。翠鸟像箭一样进入水中，在用上下喙擒住猎物的那一刻通过翅膀减速制动，随即缩颈、转身、出水、飞入空中，然后通常沿原路返回。

有些翠鸟种类的进化史为人们所了解，而多数种类的进化史人们知之甚少。翠鸟科几乎可以确定是起源于热带雨林，其中有一部分源于澳大利亚北部地区（为栖息于林地、以昆虫为食的笑翠鸟亚科），一部分源于邻近的印度尼西亚、婆罗洲和东南亚地区（原为森林食虫类，后进化为水边捕鱼的翠鸟亚科）。2个亚科后来均扩展至亚洲，并多次（多达12次）反复进出非洲。此外，翠鸟亚科进入新大陆后，在那里进化成了大鱼狗和绿鱼狗（及绿鱼狗亚科）。

太平洋群岛上的数种翡翠很明显由分布广泛的领翡翠、白头翡翠和分布较为靠南部的白眉翡翠进化而来。红林翡翠、林地翡翠和蓝胸翡翠为同一个原种在近代的分化，它们的栖息地不同，不过由于生态特征差异明显，使它们得以在地理分布上存在一定程度的重合。白腹鱼狗、棕腹鱼狗、大鱼狗和冠鱼狗分布于北美、美洲热带地区、非洲和东南亚，4个种类具有密切的亲缘关系，其中大鱼狗和冠鱼狗被认为是从前两者在大西洋的小种群中进化而来的（白腹鱼狗至今仍会偶尔光顾欧洲）。

种类的增长同样体现在新热带地区的4种绿鱼狗身上。很久以前，它们

▲ 翠鸟的潜水过程

1.翠鸟发现猎物，准备潜水；2.奋力扇动翅膀，成45°扎向水中；3.翠鸟入水的那一刻通过尾羽的活动，调整好扑向猎物的最终方向；4.双目闭合，将鱼捕获；5.翠鸟带着鱼出水时眼睛仍没有睁开。随后它回到栖木上，将鱼在树枝上摔死，最后将鱼头前尾后吞下。

共同的原种分化为2个地理分布不同的种群，2个种群在一定的条件下进化成不同的体型，从而成为2个不同的种类，但地理分布发生重叠。后来，这2个种类双双重演了分化历程，结果形成今天的4个种类，分布范围都差不多，而且相互之间的体重之比接近1∶2∶4∶8。最小的侏绿鱼狗和其次的棕腹绿鱼狗外形几乎一模一样，而最大的亚马孙绿鱼狗和第二大的绿鱼狗也颇为相似。

↗一只普通翠鸟的雄鸟在照顾它5天大的雏鸟

翠鸟的亲鸟双方共同担负孵卵、看雏、喂食任务。雏鸟孵化时全身赤裸，眼睛闭合，1周内开始长羽。

● **主要在热带**

这些古代和近代的历史迁移包括在大陆内部和大陆之间以及大洋之间，最终带来的结果是许多地区的翠鸟种类相当丰富。相比之下，热带以北的温带区多样性不足，分布在北端的只有芬兰湾和鄂霍次克海西海岸的普通翠鸟以及阿拉斯加和纽芬兰的白腹鱼狗。中南美洲有5个种类：大型的棕腹鱼狗和4种中小体型的绿鱼狗。非洲大陆和马达加斯加岛有18个种类。从印度至日本和柬埔寨可见12个种类，更多的是迁徙经过的种类。11个种类分布在菲律宾，其中有6个为其他地方所没有。马来西亚和印度尼西亚也有11个种类。苏拉威西岛上同样栖息着11个种类，其中5种为该岛所特有。

在新几内亚、俾斯麦群岛和澳大利亚的约克角半岛，分布着16种栖息于森林的翡翠和笑翠鸟以及3种食鱼的翠鸟。在澳大利亚其他地区有6个种类。从所罗门群岛和新西兰至塔希提岛和土阿莫土群岛的大洋洲地区有11个种类，其中7个是地区性种。苏拉威西岛面积虽小，但翠鸟科3个亚科（有些研究人员认为应为3个独立的科）中有2个亚科的多个种类分布在那里。其中为该岛森林中所独有的种类包括：苏拉蓝耳翠鸟、绿背翡翠、斑头翡翠和小三趾翠鸟。此外，普通仙翡翠、赤翡翠、蓝翡翠、白领翡翠、白眉翡翠和蓝耳翠鸟这些分布广泛的种类在苏拉威西也均可见到。

● 不仅仅食鱼

所有食鱼的翠鸟都会摄取一定量的无脊椎动物。如在普通翠鸟的食物中昆虫占21%左右，其中大部分为水栖昆虫，也有一些捕自干燥的陆地上。斑鱼狗更多地在盘旋飞行时而非从栖木上潜入水中捕鱼，单从这个意义上讲它们是翠鸟科中进化最先进的，因为不必依赖于栖木就意味着可以在离岸更远的水域捕鱼。斑鱼狗在非洲完全以食鱼为生（而在印度，它们也食昆虫和蟹，甚至会捕食飞行的白蚁），在卡里巴湖，它们于拂晓和黄昏时分远至离岸3千米的水域捕食沙丁鱼和其他在那时浮上水面的深水鱼；在南非的纳塔尔，斑鱼狗捕食的鱼类中80%为重1~2克的罗非鱼；而在维多利亚湖，它们的猎物几乎全都是单色鲷属和鳀波鱼属的鱼。多风天气时，斑鱼狗便在近岸处觅食，它们仍通过盘旋飞行来潜入水中，因为水面有波纹，从栖木上往往很难发现鱼。只有在水面平静时，它们才更多地从栖木上冲入水中。斑鱼狗会飞到捕食目标区的上空，在离水面10米处快速扇翅盘旋，然后整个身体几乎垂直、喙向下，保持这个姿势5~10秒后陡然潜入水下约2米处，偶尔一次会捕获不止一条鱼。北美的白腹鱼狗也以类似

↗ 翠鸟的喙适应于不同的食物
1.铲嘴翠鸟的喙短，为锥形；2.笑翠鸟强健的喙有助于捕食蜥蜴；3.小翠鸟尖尖的喙使它成为一种典型的食鱼种类。

的方式捕鱼。

根据猎物为水栖性还是陆栖性来划分翠鸟种类是不确切的。如白眉翡翠生活在林地，但经常在沿着沟渠和湖边的灌丛中捕食。而它们的食物有多种，包括昆虫、蜘蛛、蚯蚓、软体动物、甲壳类、蜈蚣、鱼、蛙、蝌蚪、爬行类，甚至小鸟和哺乳动物。一项针对南美5种食鱼翠鸟的食物和觅食关系的研究表明，捕鱼现象与近岸水面的鱼类数量成正比，只要可捕

获，任何类型的鱼都会成为它们的捕猎对象。一般而言，较大的翠鸟栖于更高的栖木上，潜入水下也更深，而猎物的大小与它们自身的体型和喙长成正比。

● 共同育雏

大部分翠鸟为单配制，具领域性，一对配偶维护沿着河边的一片林地，不许其他同类入侵。有几个种类为候鸟，既有在温带—热带之间迁徙的种类，也有在热带内部迁徙的种类，其他种类则为定栖性。多数种类在出生后的第一年年末就开始繁殖，寿命都相当长。翡翠类有领域炫耀表演，在显眼的树顶栖木上高声地反复鸣啭，展开双翅露出有斑纹的内面，同时沿竖直轴方向转动身体。其他种类则几乎没有任何求偶炫耀。雌雄鸟共同挖巢穴，不过雄鸟很少参与孵卵。卵按产时的顺序隔日孵化，因此一窝雏鸟体型不一。亲鸟共同为雏鸟喂食。

澳大利亚的笑翠鸟和非洲的斑鱼狗具有相对复杂的群居体系。它们在营巢期间均有协助的成鸟，其中在斑鱼狗中有主协助者（帮助自己的亲鸟育雏的成鸟）和次协助者（帮助其他没有血缘关系的配偶育雏的成鸟）之分。一对配偶很少有一只以上的

知识档案

翠 鸟
目 佛法僧目
科 翠鸟科
14属86种。种类包括：蓝耳翠鸟、普通翠鸟、绿背翡翠、须翡翠、小翠鸟、斑头翡翠、红头小翠鸟、三趾翠鸟、斑鱼狗、小三趾翠鸟、矮三趾翠鸟、㈱绿鱼狗、绿鱼狗、棕腹绿鱼狗、苏拉蓝耳翠鸟、铲嘴翠鸟、笑翠鸟、白头翡翠、蓝翡翠、白领翡翠、灰头翡翠、红林翡翠、赤翡翠、林地翡翠、冠鱼狗、棕腹鱼狗、大鱼狗、鹳嘴翡翠、普通仙翡翠、白眉翡翠、土岛翡翠等。

分布 全球性，除纬度特别高的地区。

栖息地 雨林的纵深腹地、远离水域的林地、沙漠荒原、草原、小溪、湖畔、红树林、海滩、花园、山林、海岛。

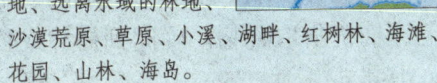

体型 体长10~45厘米（包括尾羽）；体重8~500克。雌鸟在很多情况下略大于雄鸟。

体羽 上体天蓝色，下体淡红色，也有浅蓝、深蓝、绿色、棕色、白色和黑色等羽色，喙和腿为朱红色、褐色或黑色。雌雄鸟在大部分种类中相似，在少数种类中有明显差异。

鸣声 清脆的鸣啭，节奏渐缓、音调渐降，也会发出单独一声响亮、刺耳的叫声。偶尔鸣叫声很弱，显得比较安静。

巢 在土壤中凿穴营巢，也会利用地面或树上的白蚁窝，或者营巢于树洞中。

卵 窝卵数从热带种类的2~3枚至高纬度种类的10枚不等；白色；重2~12克。孵化期18~22天，雏鸟留巢期20~30天。

食物 陆地节肢动物和小型脊椎动物，水栖昆虫和鱼类。

主协助鸟，但通常会有数只次协助鸟（尤其在那些食物资源不够充足的地方）。"协助"包括帮助维护领域和帮助给留巢期乃至会飞后的雏鸟喂食。斑鱼狗是翠鸟中唯一成松散的繁殖群进行繁殖的种类。

• 代表吉祥的笑翠鸟

笑翠鸟分布于澳大利亚和新西兰（包括澳大利亚、新西兰、塔斯马尼亚及其附近的岛屿），笑翠鸟因叫声似怪笑而得名，是典型的森林翠鸟。笑翠鸟的鸣叫在凌晨或日落时可以听到，故有"林中居民的时钟"之称。笑翠鸟被认为是澳洲的标志性鸟类之一，曾经在悉尼奥运会上被当做吉祥物。

笑翠鸟的主食是小动物、蛇、蜥蜴与昆虫。笑翠鸟最为人所知，是它响亮的，如卡通般的，像人笑声的叫声，听到笑翠鸟叫声的人，都会不由自主地笑出来。

笑翠鸟是翠鸟科的一种食鱼鸟，身长有42~46厘米，嘴长8~10厘米，体重500克。笑翠鸟是在翠鸟家族中体型最大的一种，笑翠鸟的喙大而有力，上身棕色，腹部灰白相间，雄鸟翅膀有蓝色以做识别，不论在乡间，或是城市里面，笑翠鸟是澳洲常见的鸟。

笑翠鸟属包括4种，其中最著名的笑翠鸟是澳洲的特产，分布于澳洲东部和西南部，不过在新西兰北岛西部也有一小群，被认为是通过风偶然扩散过去的。蓝翅笑翠鸟分布于澳洲北部和新几内亚南部，其体型略小于笑翠鸟，身长38~45厘米，其习性和笑翠鸟大体相当。阿鲁笑翠鸟分布于新几内亚岛南部以及附近的阿鲁群岛，其外形很像蓝翅笑翠鸟，但是体型要小很多，身长大约33厘米。阿鲁笑翠鸟的食性和大型笑翠鸟有所不同，其食物几乎都是昆虫。棕腹笑翠鸟的体型更小，仅有28厘米，其食物主要也是昆虫，不过也吃蚯蚓和蜥蜴。棕腹笑翠鸟分布于新几内亚岛和附近岛屿。

• 美丽的蓝翡翠

蓝翡翠是翠鸟科翡翠属的鸟类。蓝翡翠的分布范围很广，主要见于欧亚大陆及非洲北部，印度次大陆及中国的西南地区，中南半岛和中国的东南沿海地区，太平洋诸岛屿，华莱士区等。

蓝翡翠身长29~31厘米，体重71~138克，寿命10年；是一种以蓝色、白色及黑色为主的翡翠鸟；以头黑为特征，翼上覆羽黑色，上体其余为亮丽华贵的蓝紫色。

蓝翡翠以鱼为食，也吃虾、螃蟹和各种昆虫。常单独站立于水域附近的电线杆顶端，或较为稀疏的枝丫上，伺机猎取食物。晚间到树林或竹林中栖息。

到了每年的5月至7月，是蓝翡翠的繁殖季节。它们营巢于土崖壁上或河流的堤坝上，用嘴挖掘隧道式的洞穴作巢，双方共同挖隧道，可以达到60厘米的深度。这些洞穴一般不加铺垫物。卵直接产在巢穴地上。一旦巢室完成后，雌鸟下4个或5个纯白色的卵。雌雄轮流孵化。雏鸟出生时肉眼看不见东西，是盲目。

● 岛屿种类面临威胁

总体而言，翠鸟与人类并没有直接的冲突。作为食鱼鸟，只有少数种类有时在人类的捕鱼区被视为害鸟而遭到迫害。通常，它们受到人们的尊重，甚至赞美。但过去，有大量的普通翠鸟被击落或网捕，人们用它们的羽毛来做钓鱼的浮标。而在更早的时候，人们（至少在英国）认为在屋里放一具干化的翠鸟尸体可以避雷和防蛀，结果这种迷信思想导致了许多翠鸟被杀害。如今，人类对翠鸟的危害更多的是出于附带性质而非有意为之，包括淡水污染和栖息地（特别是雨林）的变迁。当然，捕鸟者也捕获了不少翠鸟。在印度阿萨姆邦的贾丁加，大量迁徙的普通翠鸟、鹳嘴翡翠、赤翡翠和三趾翠鸟被村庄上夜晚的灯标吸引而致死（然后很可能被食用了）。而在一些地中海国家，许多翠鸟误死于网中、枪下和石灰中，虽然它们并不是人们捕猎的对象。

目前生存形势告急的翠鸟种类几乎没有，然而，有大量的种类仅限于热带雨林或太平洋的小岛和群岛上，意味着它们的命运很大程度上依赖于它们栖息地的保护情况。土岛翡翠的一个亚种在中太平洋的芒阿雷瓦岛上一直生活至1922年，如今几乎肯定已经灭绝；还有一个亚种仅见于土阿莫土群岛的尼奥岛上，数量只有数百只，被列为易危种。鲜为人知的须翡翠是另一种受胁种类，该鸟限于所罗门群岛的布干维尔岛和瓜达尔卡纳尔岛上的山林中，总数估计不足1000只，很可能仅有250只。

↗ 斑鱼狗是7种能够在盘旋中捕猎的翠鸟之一，它们可以从水面上空12米处直接潜入水中。在浑水域，它们从盘旋中潜水的次数是从栖木上潜水的4倍。

䴕雀 强悍妈妈和孤单儿女

> 䴕雀在繁殖习性上多样化，有的种类夫妻恩爱，共同抚养后代；有的种类雌鸟很强悍，单独营巢，并经常攻击入侵的雄鸟。这些"单亲家庭"长大的孩子，往往很孤单，沉默。一旦长大离巢，便再也不愿回到这个让它们感觉灰暗的家。

大多数䴕雀都完全生活于树上，它们在树上活动时用尾做支撑，用强健的腿和脚爪抓住树皮。它们从树干往上攀爬并攀缘至树枝时通常呈螺旋式，而沿树干下来时则比啄木鸟更灵活。在到达上限高度后，它们向下飞到另一棵树的根部，然后再往上攀爬，这一点与旋木雀颇为相似。例外的是，有少数䴕雀种类相当一部分时间在地面或贴近地面处觅食。

䴕雀与灶鸟的亲缘关系并不明朗，因为仅有少数种类似乎介于"典型的"䴕雀和灶鸟之间。尽管很多学者都认为䴕雀有足够的独特之处应该自成一科，但这并不意味着它的归类就不存在异议。事实上，颇令人意外的是，过去的分类体系将䴕雀和灶鸟合并为一科——"䴕雀科"，而后来有的分类体系则将两者一同归为"灶鸟科"。

● 树干上的觅食者

大部分䴕雀为身材细长的中型鸟，着色从褐色和橄榄色至赤褐色，在头、背和下体有多种点斑或条纹。尾部均为赤褐色，翅膀通常也为同样的颜色。尾有明显的层次感，部分尾羽坚硬的羽干盖过羽片，末端常常向内弯曲。种类之间差异最明显的为体羽模式和喙的结构，其中喙从短、粗、直到长、细、明显下弯，差别非常大。

斑顶䴕雀为一种相当典型的䴕雀种类，喙细，略下弯，长度适中，为2.5厘米（这种鸟总体长度为20厘米）。见于多林木的山坡，生活的最高海拔可达3000米，高于大部分䴕雀种类。它们单独或成对在山林里的附生植物、蕨类植物和凤梨科植物中觅食，会用喙撬开树皮，主要捕食小型的无脊椎动物。斑顶䴕雀是一天中最早活跃、最晚栖息的鸟类之一。它们独自栖息于树缝或树洞里。

可岛䴕雀的喙很直，相当强健，可捕食较大的猎物如小型蜥蜴。这种

䴕雀的代表种类

1.纯褐䴕雀；2.黄喉䴕雀；3.黑嘴镰嘴䴕雀；4.长嘴䴕雀。

鸟喜居森林边缘地带，但也频繁出现在空旷地和开阔的林地中，在那里它们有时从地面或掉落的木枝上觅食。它们比斑顶䴕雀体现出更明显的独居性，很少加入混合种类的觅食群体，也很少成对出现。不过，在任何时候都有可能听到这种鸟优美的口哨声。

纯褐䴕雀和该属（褐䴕雀属）的其他种类在数个方面有别于其他䴕雀，因而有些研究者推测它们可能代表了典型的䴕雀种类与灶鸟之间的一种联系。它们的体羽斑纹比其他䴕雀细密，而它们的体羽结构更接近于灶鸟。此外，较之于典型的䴕雀种类，它们栖于枝头时更倾向于和树枝成十字形。它们有很大一部分时间活跃在近地面处，常常跟随成群的蚂蚁捕捉被蚂蚁惊起的猎物。在混合觅食群体中倘若有大型的蚁鸟，那么纯褐䴕雀一般就在群体外围觅食；若没有这样的前提，它们则会在混合群体中居于支配地位。它们偶尔会从近乎垂直的树干上发动突袭，捕食其他树上或植被上的各种小型猎物，甚至会在半空中将猎物捕获。在该属的所有种类中，均是雌䴕雀单独育雏，雄鸟都不参与。

楔嘴䴕雀为全科体型最小的种类。与其他所有雀不同的是，这种鸟的短喙微微上翘。主要栖息于茂密的森林中，从树干上啄食微型无脊椎动物。它们通常营巢于近地面的树缝或朽木的树洞里，偶尔见于离地面6米之高的树上。双亲共同营巢育雏，并常常一起外出觅食，通过独特的"噼嘶嘶嘶"的鸣声保持联系（常常一次发出两声）。亲鸟每次用喙衔一只小昆虫回巢喂给雏鸟。楔嘴䴕雀是䴕雀中分布范围最广的种类之一，不仅见于从墨西哥南部穿越中美洲直到亚马孙河流域的广大地区，而且还出现在巴西东部大西洋沿岸的森林中。总体分布范围在科内仅次于绿䴕雀，而如今已知，绿䴕雀很可能可分为数个具有密切亲缘的不同种类，而非单独一个种类。

知识档案

䴕 雀
目 雀形目
科 䴕雀科

13属52种。属、种包括：斑䴕雀、北斑䴕雀、镰嘴䴕雀类（包括黑嘴镰嘴䴕雀等）、可岛䴕雀、大棕䴕雀、长嘴䴕雀、绿䴕雀、纯褐䴕雀、霸䴕雀、斑顶䴕雀、楔嘴䴕雀等。

分布 墨西哥北部至阿根廷中部。

栖息地 主要为低地的森林、森林边缘带和开阔林地。

体型 体长14~36厘米，体重11~160克。

体羽 浑身以棕色或橄榄色至赤褐色为主，常在头、背和下体有条纹或斑点，翅和尾为赤褐色，尾羽的羽干呈坚硬的刺状。

鸣声 颤音、咔哒声、反复的口哨声，通常很响亮，有时动听。

巢 营于树洞中，有时筑于松动的树皮后。

卵 窝卵数1~4枚（通常为2~3枚）；纯白。孵化期15~21天。

食物 昆虫、其他无脊椎动物、小型脊椎动物（尤其是蜥蜴）。

斑䴕雀和北斑䴕雀在不久前还被视为是同一个种类。而近来通过形态和鸣声方面的研究，发现至少可分成2个种类，分别分布于安第斯山脉的两侧。两者最显著的区别在于它们的鸣啭：在一个种类为连续4~6声口哨声，在另一个种类中则为短促的颤音。而通过对外形的详细研究，进一步发现北斑䴕雀有黑色的眼罩，喉部颜色比斑䴕雀深，喙相对较短、较窄。斑䴕雀的宽喙似乎和它伏击猎物的习性相适应（类似于霸鹟），而北斑䴕雀则与其他绝大多数䴕雀一样以啄食为主。和纯褐䴕雀一样，斑䴕雀也经常在森林下层植被中跟随成群的蚂蚁以捕捉被蚂蚁惊起的猎物。

一般而言，体型最大的䴕雀种类拥有最大的喙。与扑翅䴕（大型的北美啄木鸟，长约30厘米）一般大小的大棕䴕雀便有一张巨大的喙，而长嘴䴕雀长而直的喙占体长的1/5以上。大棕䴕雀及其亲缘种用它们粗壮的喙在朽木中掘食，长嘴䴕雀则用细长的喙在亚马孙河流域受淹森林的树阴层沿着水平伸展的树枝在附生植物中啄食。此外，和大部分䴕雀生活于茂密的森林中不同，大棕䴕雀见于南美中部开阔的冲积平原。大棕䴕雀和长嘴䴕雀的共同之处是均营巢于离地面2米以内的树洞中。

虽然体型不如大棕䴕雀和长嘴䴕

↗ 红嘴镰嘴䴕雀为镰嘴䴕雀属5个种类之一。该属的鸟均有镰刀状的长喙，用以在原木、树干和附生植物（即无根的攀缘植物）上啄食昆虫和无脊椎动物。

雀大，但镰嘴䴕雀类长长的下弯喙占到它们体长的1/4。它们可以用喙在附生植物、树干、树枝以及其他䴕雀的喙无法伸入的树缝和裂缝中啄食。尽管这样的喙保持完好对于这些鸟而言无疑具有重要意义，但一只被人们在巴西东南部捕获的黑嘴镰嘴䴕雀其上喙的前1/3已不复存在。这只鸟的体重正常，不过体羽状况糟糕，表明它不能有效地进行梳羽和控制身上的寄生虫数量。

在其分布区的许多地方，镰嘴䴕雀类与竹林的存在有密切关系，它们似乎特别适于生活在竹林中，因为它们的长喙非常擅长在这种大型禾本植物中空的管状结构里觅食。和其他许多食竹特化种一样，镰嘴䴕雀类的发展演变历程也鲜为人知，这也从侧面说明了在那种植被茂盛的局部性栖息地很难开展研究。镰嘴䴕雀类与其他多数䴕雀的相似之处是它们也营巢于树洞中。

● 成对或不成对

䴕雀通常单独或成对出现，但有时也成小群（可能为家庭成员）或者加入到混合群体中。虽然在其森林栖息地很难发现它们，尤其是凭视觉来识别它们，但通过四处可闻的鸣啭可知道它们的存在——䴕雀主要在拂晓

↗ 一只大棕䴕雀栖于树洞口

长而强健的喙是大棕䴕雀最突出的特点。它们有时会在地面觅食，这在䴕雀中相当罕见，不过其他时候会用喙在朽木中啄食。

和黄昏时分鸣啭。

尽管了解不多,但可知䴕雀的繁殖习性表现出相当的统一性。所有种类均营洞穴巢,巢址通常为天然的树洞,有时也会利用啄木鸟的旧巢。大部分䴕雀的窝卵数为2~3枚,有些种类一窝只产1枚卵,极少数种类的窝卵数可达4枚。与其他多数洞穴营巢的鸟一样,卵为白色,无斑纹。

䴕雀在繁殖习性方面最具多样性的或许体现在不同种类的配偶关系上。大部分䴕雀建立长期的配偶关系,两性共同抚育后代,这在大型䴕雀和小型种类中比较普遍。然而也有许多其他种类并不如此,特别是有一个种类(见于安第斯山脉的霸䴕雀)的雄鸟似乎会聚集在分散的"展姿场"进行炫耀,从山岭上发出响亮的鸣声来吸引异性。"单亲家庭"似乎在褐䴕雀属和绿䴕雀属的种类中较为常见,但也出现在其他属的种类中,只是相对较为罕见。

具有典型配偶关系的种类有斑顶䴕雀。这种鸟产卵于隐蔽的树洞或经过加宽的树缝中。巢穴中衬有木屑和树皮碎片,由亲鸟双方共同收集而来,并在营巢期会不断添加。双亲共同承担孵卵和育雏任务。雏鸟孵化时双目闭合,全身基本赤裸,留巢期间往往比较嘈杂。此外,2种斑䴕雀也保持相当长的配偶关系,双亲共同抚育

↗ 在阿根廷,一只弯嘴䴕雀将昆虫猎物衔回巢中喂给雏鸟

所有䴕雀均营洞穴巢,通常为天然洞穴,有时也营于啄木鸟的弃巢中。这一种类见于南美中部的"格兰查科"——贯穿阿根廷、玻利维亚、乌拉圭和巴拉圭的大冲积平原。

后代,2个种类均营巢于洞穴中,一般为离地面6米以内的树洞。

而在可岛䴕雀和纯褐䴕雀中,雌鸟完全单独营巢,并经常攻击入侵的雄鸟。它们会将昼间80%的时间用以孵卵,其他时间则外出衔回一些树皮衬于巢内。雌鸟独自喂雏,大约每隔半小时为雏鸟带回一样食物。还有一点与斑顶䴕雀形成鲜明对比,即这些单亲家庭的后代在离巢前一直保持沉默,而一旦离巢后便不再回巢,连栖息也不回来。

伯劳 早准备，广积粮

伯劳是种具有"忧患意识"的鸟儿，在食物还很丰盛的时候，它们就开始为日后的短缺早做打算。

伯劳是一群凶猛的掠食者，用具钩的喙来杀死猎物。它们主要食昆虫，但也捕食蛙、蜥蜴、啮齿动物和其他鸟，其中有些猎物甚至和它们自己一般大小。伯劳的一大突出习性是会将猎物刺穿钉在荆棘上（有时钉在具倒钩的金属丝上），留待日后食物稀少时取回。它们的这种挂猎物的行为正如人类将肉挂在肉钩上，故又名屠夫鸟。伯劳的分类目前正经历变动。过去被视为一个科，如今一般划为3个科：伯劳科（"真正的"伯劳，或普通"鹛"），包括以前被归入盔鹛科的林鹛属；丛鹛科（丛鹛）；盔鹛科（盔鹛）。另有一个种类棘头鹛，过去自成一个亚科，即棘头鹛亚科，归在伯劳科，现在普遍认为该鸟与伯劳科无亲缘关系。

● 俯扑掠食

所有伯劳都像猛禽一样拥有强健有力、尖锐具钩的喙，可直接杀死猎物。灰伯劳等种类捕食小型脊椎动物，用喙击中猎物后脑勺而将其置于死地。伯劳的腿脚强健，爪锋利，可抓持猎物。在许多种类（特别是2种鹊鹛）中，尾很长，而白肩鹊鹛的尾可长达30厘米。该鸟见于非洲中东部和南部地区，体羽以黑色为主，翅和胁为白色。鉴于其群居行为和分布范围，虽然它与黄嘴鹊鹛在羽色上有明显差异，但一般认为它们有着密切的亲缘关系。黄嘴鹊鹛分布在非洲中部，上体为褐色，带有大量黑色条纹，下体为浅黄色，喙呈黄色，翅上有栗色斑。

在欧洲，最常见的伯劳为体型较小的红背伯劳。这一种类两性差异十分显著：雄鸟背为醒目的栗色，头和腰为灰色，下体粉红色，尾黑白色；而雌鸟的底色在红褐色至灰褐色之间游离，下体有大量的虫迹形斑，这一体羽特征为伯劳属种类的大部分幼鸟所共有。其他许多伯劳属种类，如灰伯劳和领伯劳，体羽为黑色、灰色和白色的混合。两性相似或大致相似。

伯劳通常占据树上的有利位置搜索地面猎物，然后俯冲下去攻击。不过，它们也会捕捉空中的飞虫。许多伯劳会将猎物钉在荆棘或具钩的金属丝上，有时也挂于树杈上以备后用。将猎物钉起来或楔起来很有用，使灰伯劳等种类可以撕裂小型脊椎动物，因为它们不像猛禽那样可以直接用爪解决问题。这同时也是一种食物储备形式，为以后在恶劣天气下昆虫出没较少而难于觅得时提供保障。

● **源于非洲辐射**

科内有2个属仅限于非洲亚撒哈拉地区：林鵙属和鹊鵙属（各有2个种类）。最主要的属伯劳属中，有9个种类只见于非洲，有6个种类或在非洲有种群，或在那里过冬，此外也有一些种类广泛分布在北半球的温带甚至北极地区。如灰伯劳遍及欧洲和俄罗斯，它还在北美的北部地区繁殖；而在北美南部，其生态位由外形相似的呆头伯劳所取代，该鸟的分布范围南至墨西哥。

灰伯劳在欧亚大陆南部、中东和北非干旱地区的生态位由南灰伯劳亚种所代替，如今这些南灰伯劳亚种被视为一个独立的种。灰伯劳在中国东部和中部的生态位则由楔尾伯劳取代，这种鸟有一个大的亚种即楔尾伯劳西南亚种，生活在中国西藏海拔5000米的地方。棕背伯劳也有广泛的分布，从土库曼斯坦穿过亚洲直至新

↗ 在博茨瓦纳奥卡万戈三角洲的莫瑞米自然保护区，一只白肩鹊鵙展示着它那与其他伯劳不同的黑白色长尾。这种鸟被命名为"鹊鵙"，这显然是因为它们的尾与鹊尾相似。

↗ 棕背伯劳有大约9个亚种，在亚洲有广泛的繁殖区域，西起土库曼斯坦、东至中国东部沿海以及新几内亚。这种鸟栖息于有少量林木的农耕区及灌丛中。

知识档案

伯劳

目 雀形目
科 伯劳科

3属30种。种类包括：灰伯劳、南灰伯劳、呆头伯劳、楔尾伯劳、黑额伯劳、红背伯劳、林䴗伯劳、云斑伯劳、棕背伯劳、灰顶伯劳、南非伯劳、领伯劳、灰背长尾伯劳、圣多美伯劳、白肩鹊鵙、黄嘴鹊鵙、白腰林鵙、白顶林鵙等。

分布 大部分广布于非洲，但伯劳属的分布范围扩展至欧洲、俄罗斯、印度、亚洲大陆、

菲律宾、日本、婆罗洲、新几内亚和北美。

栖息地 在非洲栖于干草原、农田和开阔的林地；在非洲之外，见于半开阔的栖息地、果园、草地、树篱、开阔的松树林和橡树林。

体型 体长15~30厘米，体重20~100克。

体羽 通常为黑色、白色和灰色的混合，但也会

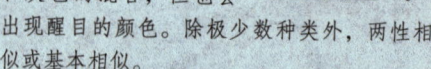

出现醒目的颜色。除极少种类外，两性相似或基本相似。

鸣声 悦耳的颤鸣，有时含有大量效鸣，也会发出尖锐刺耳的声音。

巢 筑于树上或灌丛中。

卵 窝卵数一般为4~7枚；底色有多种，带褐色、紫褐色等条纹或斑点。孵化期12~15天，有些种类会更长；雏鸟留巢期12~20天，具体依种类和气候条件而定。

食物 以昆虫和其他无脊椎动物为主，有些种类会经常捕食小型脊椎动物。

几内亚。相比之下，灰顶伯劳仅限于菲律宾，而濒危种类圣多美伯劳只见于几内亚湾的圣多美岛。

在非洲，伯劳很大程度上限于干草原至耕地这些栖息地中，虽然它们也见于开阔的林地，如南非伯劳几乎完全栖于短盖豆林地中。而在非洲之外，伯劳生活在多种类型的半开阔栖息地中，那里昆虫丰富，栖木遍布。大部分种类显然已经适应了耕作密度低的农业区，喜欢那里的果园、草坪和树篱。至少有一个种类，即在中东繁殖的云斑伯劳，经常见于开阔的松树林和橡树林中。

以食虫为主的林䴗伯劳、黑额伯劳和红背伯劳在北半球繁殖后所有种群都迁徙至非洲。有趣的是，后两个种类的西部种群会做环形迁徙：秋季，它们向东南方向飞，主要前往希腊及其岛屿，然后经过埃及飞至非洲南部；春季，它们在返途中会先往东飞，经过阿拉伯半岛、以色列、叙利亚和土耳其。其他一些种类，如尼泊尔的棕背伯劳，会做不同海拔的迁移。也有局部迁徙者，如冬季食小型脊椎动物的灰伯劳。而生活在热带地区的领伯劳，其各个亚种由于常年都能找到充足的食物，因此主要（如果

不是全部的话）为留鸟。即使迁徙，伯劳属的种类也具有领域性。有些如红背伯劳，会在过冬地维护它们的领域，雄鸟往往会先于雌鸟从过冬地返回繁殖地。

● 复杂的炫耀

伯劳属的多数种类成对繁殖，但至少有一个非洲种类即灰背长尾伯劳实行协作繁殖，群内只有一对配偶营巢繁殖，由数量不等的协助者相助。同样的现象也出现在林䴗属的2个种类白腰林䴗和白顶林䴗以及鹊䴗属中。在加纳南部，黄嘴鹊䴗终年成群生活，平均规模为12只成员，协助维护领域以及给繁殖的雌鸟和雏鸟喂食。

在非洲，伯劳的繁殖期通常出现于雨季到来时，那时昆虫繁盛，连续育2~3窝雏很正常。在北半球，繁殖期限于短暂的夏季（5~7月），一般育一窝雏，但经常会因育雏失败而补育。

伯劳属种类的求偶炫耀主要由大量的抖翅、展尾、头部运动和其他行为组成。如林䴗伯劳会快速地上下点头，竖起头羽，弯曲双腿，拍动翅膀，并向雌鸟献歌——这有可能会促成双方进行齐鸣。此外，在大部分伯劳属种类和鹊䴗属种类中，雄鸟还会对雌鸟进行求偶喂食。

两性共同筑巢和喂雏，孵卵则一般由雌鸟单独完成。鹊䴗属种类的巢大而松散。伯劳属种类的巢也相当大，由树枝筑成，里面衬以纤维、草或其他材料，大部分看上去相当零乱，但至少云斑伯劳筑于树上或灌丛中的杯形巢整洁而精致。林䴗属种类的巢也比较精致，一般会缠以蜘蛛网，通常位于细长树枝的水平树杈处。

↗ 一只南灰伯劳在撕裂一只鼠给雏鸟喂食

伯劳的一大突出习性便是会将猎物（昆虫和小型哺乳动物）钉在"食桩"上以备后用。美国南部和墨西哥的呆头伯劳甚至会经常通过这种方式将可食但有毒性的蝗虫贮藏一天左右，待蝗虫体内的毒性退去后再食之。

细尾鹩莺　友爱的大家族生活

细尾鹩莺过着"家族聚居"的集体生活。一个群体中往往有2只以上具有繁殖能力的成鸟，但唯有一只雌鸟产卵。繁殖期内，雌鸟会连续地产卵多窝，还没完全独立的前窝雏鸟会由不生产的阿姨来照顾，到了繁殖的后期，长大的雏鸟也会帮助妈妈来照顾弟弟妹妹。

在澳大利亚和新几内亚所覆盖的40个纬度的各种栖息地中，几乎都有细尾鹩莺的存在。如红翅细尾鹩莺栖息于澳大利亚西南部降雨充沛的茂密森林中，而埃坎草鹩莺生活在内陆沙漠三齿稃丛生的沙丘中。细尾鹩莺的显著特征是尾比身体还长，并且大部分时间都高高翘起。细尾鹩莺类为澳大利亚和新几内亚特有的小型鸟类。它们出现的地带通常有较厚的地表覆层，它们可以凭借长腿在上面快速跳跃。翅短而圆，很少做远距离飞行。帚尾鹩莺类生活在浓密的石南丛中，行踪隐秘，往往只被人们偶尔瞥见。草鹩莺类栖于沙漠、干旱灌木丛、多岩石的高原，也很少见其身影。

●小巧玲珑、不出远门

细尾鹩莺类的雄鸟呈色泽鲜艳的红色、蓝色、黑色和白色，而雌鸟和未成鸟通常为褐色。在帚尾鹩莺类中，两性也有明显的区别，而其他3个属的种类在实地观察中很难区分雌雄鸟。

全科大部分种类以昆虫为主食，但草鹩莺类还会用它们结实的喙啄食大量的种子。由于该科鸟类一般在地面活动，因此觅食通常也在地面进行，不过有些种类会在灌丛中甚至高树的树阴层觅食。因翅小而弱，它们仅在少数情况下短距离突袭空中的飞虫。

虽然分布遍及多种栖息环境，但多数种类常年只生活在某片特定的

↗ 作为澳大利亚的本地种，华丽细尾鹩莺体现了细尾鹩莺属种类的典型特征，即具有高高翘起的长尾和生动醒目的羽色。

区域。它们具有很强的领域性，除了"直系亲属"外，其他同类一律不得侵入。

它们的领域面积为1~3公顷，可满足它们对觅食、繁殖和栖息方面的需求，于是它们年复一年地定居在那里。

● 生活在"大家庭"中

虽然体型小，但与北半球的对应鸟类相比，细尾鹩莺科种类的寿命相当长（在10年以上）。长寿而定栖，这使它们的家庭关系相当持久，而不像其他鸟那样一般只体现在雏鸟依赖于亲鸟喂养和保护的那段时期。大部分细尾鹩莺生活的群体中往往有2只以上具有繁殖能力的成鸟，但唯有一只雌鸟产卵。尽管在某些群体中，年长的雄鸟会使雌鸟的部分卵受精，但令人诧异的是，有很大比例的卵的"父亲"为其他雄鸟，并且常常来自群体之外。经过详细的研究并辅以无线电遥测技术，发现事实上是由雌鸟挑选伴侣，在繁殖期雌鸟于日出前外出寻觅交配对象。

在绝大多数种类中，雌鸟包办筑巢、产卵、孵卵及雏鸟刚孵化时的育雏工作。只有在它外出觅食匆忙回巢时，雄鸟才会护送它返回。雏鸟出生10天左右离巢，但一开始还不能飞，不过可以在地面快速跑动和躲藏。倘若有天敌逼近巢，所有群体成员都会拼命地"鼠窜"：不再像平时那样跳跃，而是贴于地面跑动，尾下垂，同时发出吱吱的尖叫声。"鼠窜"之名便由此而来。这种行为非常有效，可以引开从蛇到人等多种入侵者对巢的注意力。

知识档案

细尾鹩莺及其亲缘鸟
目 雀形目
科 细尾鹩莺科

5属27种。属、种包括：真正的细尾鹩莺类、草鹩莺类、帚尾鹩莺类、紫冠细尾鹩莺、红翅细尾鹩莺、华丽细尾鹩莺、黑草鹩莺、多氏草鹩莺、埃坎草鹩莺、灰草鹩莺、卡氏草鹩莺、短尾草鹩莺、白喉草鹩莺、马里帚尾鹩莺等。

分布 新几内亚和澳大利亚。

栖息地 从雨林边缘地带至沙漠干草原、盐池、沿海沼泽地、石南丛、三齿稃丛和沙漠平原。

体型 体长14~22厘米，体重7~37克。

体羽 从（某些雄鸟）醒目的蓝色到暗淡的褐色不一而足。

鸣声 有短促的联络鸣声，有颤鸣，也有持续、悠长的鸣啭。

巢 细尾鹩莺类和帚尾鹩莺类为圆顶巢，入口在侧面；草鹩莺类为半圆顶巢或圆顶被截平。

卵 窝卵数2~4枚；白色，有红褐斑；孵化期12~15天，雏鸟留巢期10~12天。

食物 昆虫和种子。

雏鸟离巢后数周内仍由成鸟喂食。细尾鹩莺在一个繁殖期会营巢育雏数窝,当繁殖雌鸟开始育第2(或第3)窝雏时,群体中不繁殖的成员便会接过之前那窝雏鸟的抚养工作。在繁殖期后半阶段,先孵化的那窝雏鸟会帮助亲鸟照顾它们的弟妹们,这些鸟似乎从小便开始养成了"协助"这一习性。

● **未来在公园和花园?**

当年欧洲移居者和随之而来的野猫和狐狸等外来动物对细尾鹩莺及其亲缘鸟的生存环境产生了重大影响,所幸的是其大多数种类存活了下来。目前只有2个种类为受胁种:白喉草鹩莺和马里帚尾鹩莺。另有4个种类——杂色细尾鹩莺、白肩细尾鹩莺、灰草鹩莺和帚尾鹩莺——有个别的种群为易危。

值得注意的是,该科的某些种类在城市郊区日益繁盛。尤其是华丽细尾鹩莺,在澳大利亚6个州的首府的公园和花园里已很常见,为当地人们的生活增添了生机和活力。

在过去的50年间,有3种新的草鹩莺得到承认,分别是:灰草鹩莺、卡氏草鹩莺和短尾草鹩莺。此外,有1个种类(埃坎草鹩莺)在时隔85年后被重新发现,还有3个种类(多氏草鹩莺、白喉草鹩莺和黑草鹩莺)人们对它们有了更全面的了解。与此同时,我们是不是也该为那些易危的种群想想办法?

↗ 在澳大利亚东南部,3只华丽细尾鹩莺雏鸟依偎在草丛中。华丽细尾鹩莺雏鸟出生10天后便离巢,但之后数周内仍由成鸟喂食。

吸蜜鸟和澳䴕 "萝卜白菜各有所爱"

> 不同种类的鸟有不同的饮食习性,有的爱花蜜,有的爱水果,有的则无昆虫便会食不下咽。

吸蜜鸟是大洋洲地区最繁盛的雀形目鸟,仅澳大利亚就有超过70个种类。它们扩散分布至多种类型的栖息地,从红树林、雨林到次高山林和半干旱林地等。在大洋洲的许多地方,吸蜜鸟都是那里种类数量最多的鸟,在方圆1公顷内可有多达十多种吸蜜鸟。这些食植物花蜜和富含碳水化合物的无脊椎动物渗出物的鸟,形成了多种群居模式,既有简单的单配结偶形式,也有迄今为止世界上最复杂的鸟类群居模式之一。

● 巧舌如簧

所有吸蜜鸟都有伸缩自如的长舌,舌尖如刷子,用以从花中吸取花蜜。它们是重要的授粉鸟,其中有许多种类可能与某些植物共同进化。

总体而言,吸蜜鸟身材细长,呈流线型,翅长而尖,飞行成波状。但种类之间在体型和习性方面差异很大。它们身体结实,腿强健,爪锋利,能够在花枝间自如穿梭攀爬,有时还可倒挂其上。许多种类的喙长而下弯,尖端锐利,喙形因具体食物不同而各异。大部分种类色彩单调,但少数着色鲜艳,类似它们在非洲和亚洲的对应鸟类太阳鸟以及美洲的对应鸟类蜂鸟。几乎所有种类都有彩色皮肤的裸斑,小至嘴裂处的条纹、眼圈、眼斑,大至颜色鲜艳的脸部裸斑。在多数种类中,两性相似,不过雄鸟通常大于雌鸟。少数种类呈明显的性二态,幼鸟的体羽与雌性成鸟相似,如白肩黑吸蜜鸟;或雏鸟在会飞后出现性分化,如月斑澳蜜鸟。

澳䴕也有如刷子的舌头,但几乎全为食虫类。与大部分吸蜜鸟不同的是,澳䴕为地面觅食者,并且全部呈现性二态。有3个种类的雄鸟具有鲜艳夺目的红色或橙色体羽。幼鸟的羽色与雌性成鸟相近。

● 见于西南太平洋

吸蜜鸟生活在西南太平洋,以澳大利亚、新几内亚、印度尼西亚、新西兰和夏威夷为中心。而澳䴕仅限于澳大利亚。

吸蜜鸟40个属中有14属仅包含1个种类，10个属各自只有2个种类。少数属所含种类较多，如澳洲吸蜜鸟属和吸蜜鸟属分别有20种和13种。而摄蜜鸟属是分布最广的属，西起苏拉威西岛的西部，北至密克罗尼西亚，东至斐济。吮蜜鸟属的吮蜜鸟类和岩吸蜜鸟属的岩吸蜜鸟类都见于澳大利亚。

分子研究证实，澳鸥类（过去为澳鸥科）和麦氏极乐鸟实际上属于吸蜜鸟科，而食蜜鸟属的食蜜鸟类则不是真正的吸蜜鸟。此外，过去被视为吸蜜鸟的2个塞班种类笠原吸蜜鸟和金绣眼鸟事实上为绣眼鸟（绣眼鸟科）。

● 食蜜等级

只要有花蜜可得，所有吸蜜鸟都会食之。而同时，大部分种类也会食无脊椎动物。各个种类对花蜜或昆虫的依赖性差异很大，不过所有吸蜜鸟都会摄取部分昆虫来补充花蜜所不含的营养成分，有些种类甚至几乎完全为食虫类。它们获取昆虫和蜘蛛的方式有多种，如在叶簇中啄取、从树皮下掘取及在空中飞捕。许多种类也会从除花蜜以外的其他食源中摄取碳水化合物，如虫蜜（某些木虱若虫体表分泌的一种含糖物质）、木蜜（桉树的叶分泌的黏性物质）和蜜露（木虱和介壳虫的分泌物）。在雨林，果实也会成为吸蜜鸟（如新几内亚吸蜜鸟属的种类）的一大食物来源。彩蚊蜜鸟则几乎完全以果实为食。

生态学家通常将吸蜜鸟分为长喙类和短喙类。中小体型的种类（如抚蜜鸟属和矿吸蜜鸟属的种类）其喙短而直，主要为食虫类。相反，长喙类更多地食花蜜。其中，尖嘴吸蜜鸟类的喙长而弯，用以从管状花中食蜜。此外还有中等体型的澳蜜鸟类，为通化的食蜜鸟，觅食对象包括多种植物的花；另有垂蜜鸟类，它们偏爱桉树和山龙眼的花。

相互之间会争夺花蜜资源的数种长喙类的吸蜜鸟何以能生活在同一片区域呢？答案在于较小种类和富有攻击性的较大种类之间存在一种高效的平衡。较大种类，如垂蜜鸟类，会毫

↗ 当各种植物开花时，吸蜜鸟便出动食蜜。图中一只绯红摄蜜鸟雄鸟正停在一棵红千层上面。

↗ 吸蜜鸟和澳䴕的代表种类
1.黄垂蜜鸟；2.王吸蜜鸟；3.蓝脸吸蜜鸟；4.西尖嘴吸蜜鸟；5.绯红澳䴕。

不客气地将其他吸蜜鸟排除在花蜜最丰富的花丛之外，却不能独霸大片区域内所有的花。这一局限性使较小种类仍得以从蜜源相对匮乏的花中获得足够的蜜，从而实现共存。而多个种类的共领域性集中体现在以食昆虫为主的吸蜜鸟中，如矿吸蜜鸟类，它们会齐心协力维护共同的领域，几乎禁止其他任何鸟类入侵，从而在它们的群居地形成一种垄断。

吸蜜鸟的迁移与它们主食的植物开花模式有关。有些植物定期开花，另有许多植物则取决于不可预知的降雨。少数吸蜜鸟能够紧扣富有规律的开花模式，每年进行大范围的迁徙。如澳大利亚东南部的黄脸吸蜜鸟和白枕吸蜜鸟每逢南半球的秋季会定期往北迁徙，后于次年春季返回。虽然有些个体留在南部过冬，但这些种类在南半球的夏季更倾向于留鸟和候鸟混合在一起生活。一些栖于干旱地带的吸蜜鸟和澳鸥，如黑吸蜜鸟和绯红澳鸥，会随着降雨模式及由此而来的花蜜和昆虫的大量出现而同样做大范围但无规律的迁移。有许多吸蜜鸟很可能就在方圆100千米的局部地区跟随当地的开花时节活动。还有不少种类，如矿吸蜜鸟，常年仅在面积不足1公顷的巢域内活动。

● **群居地的"骚动"**

大部分吸蜜鸟和澳鸥应当都是单配制，群居。对一些种类的后代进行基因检测发现，绝大多数为单配繁

知识档案

吸蜜鸟和澳鸥
目 雀形目
科 吸蜜鸟科（包括澳鸥亚科）
42属182种。吸蜜鸟有40属177种，属、种包括：蓝脸吸蜜鸟、矿吸蜜鸟、缝叶吸蜜鸟、西尖嘴吸蜜鸟、垂蜜鸟类等；澳鸥亚科的澳鸥包括2属5种：绯红澳鸥、橙澳鸥、白额澳鸥、黄澳鸥、鸮漠澳鸥。

分布 西南太平洋，主要集中在澳大利亚、新几内亚、印度尼西亚、新西兰和夏威夷。澳鸥仅限于澳大利亚。

栖息地 吸蜜鸟见于除开阔干旱地带和草地外的各种栖息地；澳鸥栖于开阔的灌丛、干旱林地、沙漠、水域边缘附近。

体型 体长：吸蜜鸟8~48厘米，澳鸥10~13厘米；体重：吸蜜鸟6.5~150克，澳鸥10~11克。

体羽 大部分种类为绿色、灰色或褐色，有些种类带有黑色、白色或黄色斑纹。澳鸥为红色、黄色或黑白相间，雄鸟着色比雌鸟醒目。

鸣声 小型吸蜜鸟种类的鸣声通常悦耳，较大种类声音沙哑。澳鸥的联络鸣声带有刺耳的鼻音，啁啾声富有攻击性，会发出音很高的口哨声。

巢 杯形巢。澳鸥的巢筑于地面或近地面处的灌丛中。

卵 吸蜜鸟的窝卵数1~5枚（平均为2枚）；白色、粉色或浅黄色，有红棕色斑点。孵化期12~17天，雏鸟留巢期10~30天。澳鸥的窝卵数通常为3~4枚；白色或粉白色，带红棕色斑点。

食物 吸蜜鸟以无脊椎动物、花蜜和其他糖分泌物为主，有时也食果实。澳鸥则从地面获取昆虫。

殖。一雄多雌的新西兰缝叶吸蜜鸟则为例外。而另一种性二态的吸蜜鸟月斑澳蜜鸟的交配机制中也存在大量配偶外繁殖的现象。

吸蜜鸟有时会同时捍卫觅食领域和繁殖领域。觅食领域可能仅限于某棵开花的树的一部分，而时间也只限于产生花蜜的那一段时间。有些种类的配偶只在繁殖时才建立和维护领域，平时成松散的群体觅食，或者如黄脸吸蜜鸟，组成混合种类的觅食群体。其他种类，如矿吸蜜鸟，则全年维护它们的领域。配偶的领域可能很分散，如白耳汲蜜鸟；可能与邻近配偶的领域疏远相连，如盔吮蜜鸟；也可能紧密相连，并共同维护群居地，如矿吸蜜鸟。

吸蜜鸟和澳鸲的繁殖期很长。大部分筑杯形巢，目前已知的只有2种胶蜜鸟筑圆顶巢，以及缝叶吸蜜鸟和考岛吸蜜鸟属中至少有1个种类营巢于树洞中。窝卵数1~5枚，通常为2枚。在多数种类中，雌鸟单独孵卵，不过有些种类亲鸟双方共同孵卵育雏。在矿吸蜜鸟属种类中，经常有"协助者"帮助亲鸟照顾后代；而在抚蜜鸟属、蓝脸吸蜜鸟属和澳洲吸蜜鸟属种类中，则仅仅偶有协助者。吸蜜鸟具有典型的雀形目鸟换羽模式，即在繁殖期结束后换羽。

具繁殖群居地的吸蜜鸟（如矿吸蜜鸟类）以及领域松散相邻的种类（如黄翅澳蜜鸟）有时会出现复杂的集体炫耀现象。10多只鸟聚集在一起，拍动它们半张的翅膀，相互之间或对着某只特定的鸟反复鸣叫。这种行为似乎是发生在有入侵者或新的个体进入邻鸟的领域之际。

● 处境岌岌可危

在吸蜜鸟中，分布仅限于海岛的种类形势最为严峻。在夏威夷曾经至少有5种吸蜜鸟，但其中3种（髭吸蜜鸟和考岛吸蜜鸟属的2个种类）已灭绝，其余2种——考岛吸蜜鸟和毕氏吸蜜鸟——似乎自20世纪90年代起也已销声匿迹。缝叶吸蜜鸟在1885年前后从新西兰的主岛上消失，如今这种鸟的天然种群仅限于豪拉基湾的小屏障岛。许多华莱西区域内的吸蜜鸟种类都只分布在单个岛屿上，如斯兰岛、布鲁岛和韦塔岛，对这些种类而言，因森林退化而导致的栖息地破坏构成了日益严重的威胁。在澳大利亚大陆，王吸蜜鸟、红脸裸吸蜜鸟和黑耳矿吸蜜鸟则因农业发展而导致它们的森林栖息地遭受重创。这3个种类目前均被列为濒危种，人们正在开展恢复性工作，保护和扩大它们剩余的栖息地，通过人工繁殖来增加数量，以及将人工繁殖的个体放回过去的分布地，在与之前不同的地区建立种群。

刺莺 为自保，弄假象

> 刺莺是杜鹃鸟背后下黑手的无辜受害者。为了保护自己，它们中的某个种类也想出了一些巧妙的办法来应对。如黄尾刺嘴莺会在巢上另外建造一个假的"杯型巢"来迷惑对手。

刺嘴莺科原名细嘴莺科，其英文名既可以写作"Acanthizidae"也可以写作"Pardalotidae"，而刺莺同样除了被称为"warbler"外有时也被叫做"pardalotid"。没有一个普遍一致的名字，从中也反映出这67个现存种类在形态、栖息地和行为方面的多样性。刺莺着色一般较为柔和，中小体型，小者如仅重5克的褐阔嘴莺，大者也不过为重80克的棕刺莺。无论是从热带雨林到沙漠、从海岸到高山还是从地面到树阴层，刺莺在分布区的各种栖息地中都很常见。全科突出的特点是群居结构和鸣声多样，即协作繁殖现象很普遍，许多种类具有优美的嗓音，有时还能进行效鸣和齐鸣。

● 歌声甜美的"昆虫猎人"

形态差异会体现在觅食方式和食物上，而后者反过来又促成生态特征相似的鸟实现形态上的趋同进化。大部分刺莺的喙直而细长，与它们以昆虫和其他小型节肢动物为主的食性相适应。其中那些在树阴层啄食昆虫的种类为小型鸟，似莺；而基本在地面觅食的种类往往体型较大，看上去像鹟或鸫。那些着色鲜艳的食蜜鸟会让人想到啄花鸟。食蜜鸟的喙短而粗，用以食小昆虫和桉树叶表面的甘露。褐阔嘴莺有类似的喙，很可能用途也差不多。白脸刺莺的喙强健，似山雀的喙，从侧面反映出种子在它们食物中的重要地位。

多数种类限于澳大利亚并常年居于那里，新几内亚有3种山鼠莺和约一半的丝刺莺类及噪刺莺类。噪刺莺类

↗ 有些食蜜鸟也被称为"钻石鸟"，它们会在地面挖半米深的洞穴营巢。图中，一只斑翅食蜜鸟正站在它的巢穴边。

知识档案

刺莺
目 雀形目
科 刺嘴莺科

16属67种。种类包括：斑纹白脸刺莺、褐刺嘴莺、黄尾刺嘴莺、栗尾地刺莺、短翅刺莺、棕刺莺、多斑食蜜鸟、随莺、仙噪刺莺、豪岛噪刺莺、白喉噪刺莺、岩刺莺、灌丛丝刺莺、斑刺莺、褐阔嘴莺、白眉丝刺莺、黄喉丝刺莺等。

分布 澳大利亚和新几内亚，噪刺莺类也见于

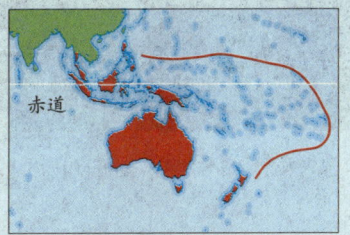

东南亚、新西兰和西南太平洋岛屿。

栖息地 从热带雨林至高山和干旱丛林的各种陆上栖息地。

体型 体长9~27厘米，体重5~80克。

体羽 食蜜鸟类为灰色和褐色，带白色点斑或条纹以及黄色或红色块斑。其他种类为褐色或灰色，泛有浅绿色、黄色或赤褐色光泽；有些种类脸部着色醒目或腰部呈黄色。

鸣声 有些种类发出刺耳的声音或嗡嗡声，但其他许多种类嗓音甜美，能进行效鸣或齐鸣。

巢 圆顶巢，有些巢的入口隐蔽；或吊巢，悬于茂密植被下；也有的种类营巢于树洞中或自掘地道在末端建巢室。

卵 窝卵数2~3枚，偶尔4枚；许多卵有斑纹，有些为纯白或纯褐。孵化期11~22天，雏鸟留巢期10~25天。雏鸟会飞后继续接受亲鸟3~8周的照顾。

食物 主要为节肢动物，有些也食果实。

是该科唯一分布较广的属，有3个种类见于东南亚，2个分布于新西兰，1个在南太平洋群岛上。许多种类为定栖性鸟，但食蜜鸟类为移栖性，而白喉噪刺莺在其分布区南部的种群则几乎完全为候鸟。

全科16个属可分为4大类：食蜜鸟类、刺莺类、丝刺莺类（丝刺莺属）及亲缘种类，最后一个大类包括刺嘴莺类（刺嘴莺属）、噪刺莺类（噪刺莺属）和褐阔嘴莺。上述3个属涵盖了科中2/3的种类。有些学者将4种食蜜鸟单独列为一科即食蜜鸟科，其余的种类组成刺嘴莺科。

● 漫长的繁殖周期

刺莺的繁殖周期一般很长。大部分种类在各自的领域内营巢繁殖，但多斑食蜜鸟会形成松散的繁殖群居地。产卵间隔为2天，窝卵数通常为2~3枚，有些种类会产4枚卵。卵的孵化期相对于这些鸟的体型而言显得很长，如白眉丝刺莺重仅为13克，孵化期却要17~21天。雏鸟留巢期依种类体型而定，而雏鸟一般在离巢后6~8周（至少不会少于3周）内仍由亲鸟照看。许多种类会育多窝雏，因而整个繁殖期持续3~5月甚至更长时间。

↗ 栖于新西兰森林中的灰噪刺莺以其悦耳动听的歌声而闻名，甜美而音高的颤鸣使这种鸟在毛利语中被称为"riroriro"。

不过，即使是小型种类的刺莺也很长寿，如人们曾对一只才7克重的褐刺嘴莺做了标记，17年后在野外再次发现了它！

　　刺莺筑掩体巢，入口在侧面，巢筑于地面或近地面处，非常隐蔽。白眉丝刺莺会将巢营于落叶层下面的洞穴中。斑刺莺会在地面刨一浅坑，这样巢底就低于地表。食蜜鸟类营巢于树洞中，或在松土中挖一条通道，在末端建一个巢室。黄喉丝刺莺在丝刺莺类中独树一帜筑吊巢，可达1米长，一般垂悬于溪流上方。噪刺莺类筑钱包状的悬挂巢，巢尾很长，入口有遮盖物，有时与胡蜂窝比较靠近。岩刺莺的巢常常从洞穴的顶部吊挂下来。

进入斑纹白脸刺莺的巢室需要先经过一条长20厘米、直径3厘米的通道，该通道的功能尚不清楚。黄尾刺嘴莺的巢最为奇特，为圆顶结构，入口在侧面，被隐藏起来，巢上方筑有一个起眼的却是假的"杯形巢"，可能是为了戏弄掠食者或巢寄生者。

　　虽然有入口隐藏的圆顶巢，刺莺仍常常成为杜鹃进行巢寄生的受害者。扇尾杜鹃便常寄生于丝刺莺类和刺嘴莺类。所有金鹃类一般都将卵产于较小的刺莺种类的巢里。其中红喉金鹃固定将卵产于悬挂巢，如噪刺莺类的巢中；而黑耳金鹃寄生于多种刺莺，尤其是那些产的卵均为褐色、与杜鹃的卵相似的种类。

椋鸟 最有服务精神的鸟儿

> 椋鸟食源广杂，大部分既吃果实也吃无脊椎动物，还有的对食物不挑剔，花蜜和种子也包括在内。更有一种牛椋鸟，它们的喙的开合如同一把剪刀，专门捕捉它们爱吃的扁虱。这种寄生虫长在野生动物和家禽的皮毛中，所以，它们跟这些扁虱的寄主形成良好的合作关系，哪怕一时它们起了贪心，也从人家的伤口处吸血，这些寄主一般不会很介意。

椋鸟科各种类具有许多共同的特征，同时既包括了世界上最常见的鸟，也有最稀有、最濒危的种类。在旧大陆分布范围内，很多种类都与人类有着密切的关系。其中一些被视为宠物，尤其是诸如鹩哥等种类，具有令人惊叹的效鸣能力，甚至能模仿人说话；有些被当做美味佳肴，还有些则是农业上的害鸟。有一些椋鸟能够在害虫控制中起到积极作用。自古以来，人类农业生产最大的祸害之一便是蝗虫，而早在许多个世纪以前，人们就注意到粉红椋鸟、肉垂椋鸟以及家八哥等种类喜食这种害虫。此外，肉垂椋鸟在医学领域也有重要价值：这种鸟能够再吸收自身肉垂的现象被用于癌症研究中，而其羽毛的再生能力被一些人乐观地认为有望据此解决人类的秃顶问题。

↘ 在南非的克鲁格国家公园，一只红嘴牛椋鸟在一只非洲羚羊身上捕捉寄生虫。大型的哺乳动物通常会容忍这种鸟在自己身上啄食扁虱等寄生虫，即便它们也会从伤口处吸食相当分量的血。

● **活跃、适应性强**

椋鸟为中小型鸟，其活跃的身影、响亮的鸣声和嘈杂声都让人感到它们就生活在人类居住地附近。在总体外形上，它们呈现出相当的多样性：那些森林种类，如鹩哥和非洲的辉椋鸟类，往往具有宽而圆的翅膀；而那些栖于相对干旱而开阔之地的种类，如家八哥和肉垂椋鸟，则具长而尖的翅。椋鸟科种类的腿、脚较大，强健有力，它们倾向于行走而非跳跃。在2种非洲牛椋鸟中，趾长而锐利，使它们能够附在大型哺乳动物的毛皮上面。

喙相当结实，通常直，长度适中。这样的喙使椋鸟在食物方面具有更大的选择空间，大部分种类都既食果实也食无脊椎动物。有些种类捕食范围更广，花蜜和种子也包括在内。黑冠椋鸟的舌尖如刷子，用以采集花粉和花蜜；一些八哥种类刷子般的冠也具有重要的授粉作用。2种牛椋鸟的喙的活动方式如同一把剪刀，可从野生动物或家禽的毛皮中捕捉扁虱。许多椋鸟种类长有色彩醒目的眼（通常为黄色）。

一些东南亚椋鸟种类的头部特别是眼周有裸露的皮肤区域，这些区域在白头椋鸟和家八哥中呈黄色，在长冠八哥中为蓝色，在鹩哥和秃椋鸟中为红色。而裸露皮肤的面积在秃椋鸟身上达到极致，这种鸟的头羽只剩沿头顶中央向下的狭长一条。鹩哥和肉垂椋鸟则在头部长有肉垂，并且在后者中，当进入繁殖期后头羽会消失，似乎就剩下肉垂，而在繁殖期结束后，肉垂被重新吸收，羽毛再次长出来。粉红椋鸟和黑冠椋鸟具有很长的头羽，竖起来可成冠；而苏拉王椋鸟则长有硬直的冠，始终竖着。

↗ 紫翅椋鸟通常单独繁殖，但也会形成大的繁殖群，主要出现在城市中心，有时整个天空都是黑压压的这种鸟。如图中巨大的紫翅椋鸟繁殖群席卷过一个弃用的码头上空。

知识档案

椋鸟
目 雀形目
科 椋鸟科
29属114种。种类包括：紫翅椋鸟、灰椋鸟、白头椋鸟、秃椋鸟、暗辉椋鸟、群辉椋鸟、山辉椋鸟、蓝耳辉椋鸟、粟头丽椋鸟、黑冠椋鸟、细嘴栗翅椋鸟、粉红椋鸟、灰背八哥、家八哥、鹩哥、长冠八哥、大王椋鸟、苏拉王椋鸟、白腹紫椋鸟、肉垂椋鸟、雀嘴八哥、红嘴牛椋鸟等。

分布 非洲、欧洲、亚洲、大洋洲部分地区，引入北美、新西兰、澳大利亚南部和许多热带岛屿。

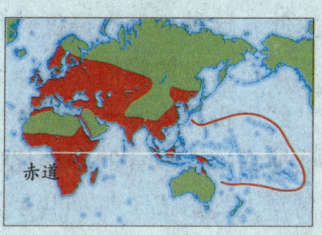

栖息地 森林、热带草原和温带草地。

体型 体长16~45厘米，体重45~170克。

体羽 以深色为主，但常泛有绿色、紫色和蓝色光泽。有些种类呈鲜艳的橙色和黄色，有些为暗淡的灰色，有些具裸露皮肤或肉垂；两性通常相似，但有时雄鸟着色相对更醒目。

鸣声 有多种口哨声、尖叫声和喊喊喳喳声。有些种类能模仿其他动物的声音，包括人说话声。

巢 多数位于洞穴中，由干草筑成的大型结构。有些筑圆顶巢或吊巢，许多种类成繁殖群或松散的群体营巢繁殖。

卵 窝卵数一般为1~6枚；淡蓝色带有褐斑，但部分种类的卵无斑。孵化期11~18天，雏鸟留巢期为18~30天。

食物 大多数食果实和昆虫，有些也食种子、花蜜和花粉，2种牛椋鸟特化为专食大型哺乳动物身上的寄生虫。

椋鸟科内大部分种类为群居性，成群繁殖、成群觅食，夜间成群栖息。有几个种类既会和同类栖息在一起，也会和其他鸟一起栖息。栖息处通常位于树上，但近年来紫翅椋鸟逐渐养成了栖息于城市中的习性，成群规模可超过100万只。如此巨大的栖息群，再加上它们集结飞行时精确到位的队形，无疑向城市的居民们展示了鸟类世界最令人惊叹的壮观场面之一。而另一方面，这些栖息的鸟在它们身下的马路和人行道上留下了大量的排泄物，则成为城市的一种公害。

● 流浪者和居家者

椋鸟科内大部分种类为留鸟，常年生活在小岛、群岛上，或者栖息于森林中，但它们的活动范围仅限于寻觅充足的果实来源。其他则既有局部迁移的种类，也有长途迁徙的候鸟，还有些种类为移栖性鸟。

白腹紫椋鸟和蓝耳辉椋鸟在非洲做局部迁移，印度的黑冠椋鸟也是如此。灰椋鸟则从俄罗斯东部、中国北部和日本的繁殖地迁徙至中国南部和菲律宾过冬。紫翅椋鸟在北欧和北亚

↗ 印度和东南亚的鹩哥被普遍认为是鸟类界最优秀的模仿者，它们能发出各种声音，包括口哨声、嘶哑的咯咯声等，能逼真模仿人类说话的声音。

的种群迁徙至温和地带越冬，如从西伯利亚南下至印度洋北部沿海或从斯堪的纳维亚半岛往西南方向迁徙至大西洋沿岸。

有些椋鸟具有移栖性，尤其是肉垂椋鸟，在蝗虫繁盛的地方定居下来繁殖，而当蝗虫消失后，它们就会前往其他地方。粉红椋鸟的繁殖地也同样取决于昆虫特别是蝗虫的丰盛程度，如某个地区在今年有这种鸟大规模的繁殖群，明年则有可能遭遗弃。而在繁殖期结束后，所有粉红椋鸟都会离开它们在中欧的繁殖区，迁徙至印度过冬。

● 从食果到多样化

椋鸟最初很可能为食果类，因为如今科内许多被视为相对原始的种类都以果实为食。那些栖于森林中的种类，如鹩哥，主要在树上食果实，并倾向于成对生活（但在无花果等大量成熟时也会聚集成较大的群体）。

而在进化过程中，椋鸟科的食物逐渐变得多样化，不仅包括种子和花蜜，而且也开始食无脊椎动物尤其是昆虫。伴随这种觅食变化而发展的则是它们开始更多地表现为地栖性。一些相对更依赖昆虫的种类会迁徙至昆虫丰盛的地区。如紫翅椋鸟在南亚、南欧和北非过冬，春季则往北迁徙至蚊蚋蛹等土壤昆虫繁盛的地区进行繁殖。为此，这种鸟拥有高度特化的觅食技巧：将闭合的喙插入土壤中或草根中，然后再用力张开，形成一个洞孔来诱捕猎物。取食的多样化也使一些椋鸟与人类形成了某种共生关系，它们也食谷物和果实等农作物，在这过程中给农业带来了相当大的损失。

● 营巢于洞穴

大部分椋鸟种类在洞穴中繁殖，它们会在洞内筑一个大型的巢。最常使用的是树洞和悬崖的岩洞，此外，它们也会将巢筑于建筑物或其他人工结构的缝隙中。细嘴栗翅椋鸟营巢于瀑布后面的岩洞中，有几个种类则会使用拟䴕和啄木鸟等其他鸟类的巢穴。还有部分种类自己掘穴营巢，如灰背八哥将巢筑于河岸上，雀嘴八哥会在枯树的树干上挖一个直径约为30

厘米的洞。除了普遍营巢于洞穴中之外，也有一些例外种类：粟头丽椋鸟在灌丛中筑圆顶巢，而群辉椋鸟通过编织方式筑成吊巢，密密麻麻地悬挂于高树的外侧树枝上。

森林种类（如鹩哥）的不同对配偶在繁殖时相互远离，而其他种类则表现出不同程度的群体繁殖行为。在那些营巢于天然洞穴的种类中，繁殖配偶的密度受到可得巢址的限制。如紫翅椋鸟成松散的繁殖群繁殖，每对配偶的巢相距1~50米不等。但这些繁殖群中的成员在繁殖行为上具高度的同步性，由此可见，繁殖群成员之间存在着大量的群居互动行为。而成群繁殖现象最突出的当数雀嘴八哥和群辉椋鸟等自己掘巢的种类中。

在所研究的本科种类中，有许多为两性共同参与孵卵育雏，但雄鸟通常分担较少。尚未发现过有雄鸟会给雌鸟喂食，不过双方会一起喂雏。紫翅椋鸟和其他一部分种类会出现一雄多雌现象，雄鸟在同一段时期内与2只（少数情况下多达5只）雌鸟发生交配。此外，协作繁殖，即有3只或3只以上发育完全的鸟在同一个巢内抚育一窝雏的机制，见于某些非洲椋鸟种类中。

● **生存，刻不容缓**

紫翅椋鸟由于食葡萄、橄榄、樱桃、生长中的谷物、牛食，在欧洲和

↗ 椋鸟身上所常见的金属光泽在非洲的辉椋鸟种类身上体现得最为明显，如图中的这只蓝耳辉椋鸟。

北美地区给人们带来了重大损失。而在欧洲北部、亚洲中部和新西兰，这种鸟则因捕食昆虫而造福于当地人。紫翅椋鸟是生存最成功的鸟之一，全球数量达数亿只。而最能体现这种成功性的例子当数将该鸟引入北美一事。虽然之前失败了数次，但人们还是于1890年将大约60只紫翅椋鸟放飞在纽约的中央公园。根据记录，那一年这种鸟在美国自然历史博物馆的屋檐下筑了第一个巢。次年，又有40只鸟放飞，而从那以后，这一种类的数量就没有再减少过。在1个世纪后，紫翅椋鸟已成为北美大陆上最常见的鸟之一。

其他椋鸟种类的处境就没有这么好。在过去的400年间，有4个种类——2个来自印度洋的岛屿上，2个来自太平洋岛屿，被证实或被推测已灭绝。而长冠八哥仅剩一个小种群生活在森林自然保护区，尽管人们采取了一项全方位的保护计划（包括将人工繁殖的个体放回野生界），但这种鸟的前景仍堪忧。最大的威胁来自鸟类收集者对它们的大肆猎捕（用以宠物交易），甚至连放回的人工繁殖个体也不幸落入他们之手。长冠八哥有可能很快就将野生灭绝，届时世界上只剩少数几家动物园有人工饲养的个体存在。其他的岛屿种类，如暗辉椋鸟和山辉椋鸟，由于数量少、有限的栖息地遭破坏而同样濒临危险。

而即使对于数量最多的紫翅椋鸟，也不见得就可以高枕无忧。在20世纪的最后25年里，该鸟在英国和北欧部分地区的数量减少了一半，这很可能是伴随农业密集型发展而产生的各种因素造成的后果。